학교숲생태놀이

학교 숲 생태 놀이

펴낸날 2023년 5월 15일 초판 1쇄
2023년 12월 15일 초판 2쇄

지은이 양경말

만들어 펴낸이 정우진 강진영 김지영

꾸민이 Moon&Park(dacida@hanmail.net)

펴낸곳 (04091) 서울 마포구 토정로 222 한국출판콘텐츠센터 420호 도서출판 황소걸음

편집부 (02) 3272-8863

영업부 (02) 3272-8865

팩 스 (02) 717-7725

이메일 bullsbook@hanmail.net / bullsbook@naver.com

등 록 제22-243호(2000년 9월 18일)

ISBN 979-11-86821-85-5 (03480)

황소걸음
Slow&Steady

© 양경말, 2023

학교 숲 생태 놀이

양경말 지음

교과 연계
생태 놀이
161 가지

황소걸음
Slow & Steady

머리말

학교 교육과정에 동식물의 생태, 환경보호, 기후 위기 대응과 관련한 내용이 많이 나옵니다. 이를 특색·역점 사업으로 하는 학교도 많습니다. 우리나라는 국민의 환경 보전 의지를 높이고 환경 교육을 활성화하기 위해 6월 5일을 환경의날로, 환경의날을 포함한 일주일을 환경교육주간으로 지정했습니다.

처음 생태 환경 교육을 할 때, 교과서나 보조 자료에 있는 사진을 복사하거나 오려 사용했습니다. 어느 날, 제대로 가르치고 있나 의문이 들었습니다. 그래서 학생들을 학교 숲, 학교 주변 공원으로 데리고 다니며 식물 이름과 나무의 생태, 식물의 유래 등을 설명했습니다. 정작 학생들은 무척 지루해하고 산만했습니다. 교실에서 밖으로 장소만 옮겼을 뿐, 강의식·주입식 생태 환경 교육은 학생들의 관심을 끌기에 부족했습니다. '이런 방법으로 학교 주변의 식물 이름을 안들, 요즘 강조하는 생태적 감수성을 갖추고 생명 존중에 대해 생각할 수 있을까?' '기후 위기에 대응하는 실천력이 생길까?' '주변에서 자주 눈에 띄는 식물을 중심으로 생김새와 특징을 이해함으로써 식물에 대한 호기심과 흥미를 갖게 할 수 있을까?' 의문은 끊이지 않았습니다.

그래서 숲 해설 공부를 시작했습니다. 이론과 지식 전달 중심 생태 교육은 숲에 다양한 생명체가 살아가고, 더불어 살기 위한 생명 감수성과 생태 감수성을 키워주기보다 오히려 흥미를 잃게 만든다는 사실을 깨달았습니다. 교육 자료를 가지고 나무나 풀의 이름, 숲에 관한 전문 지식을 전달하기보다 생태 놀이로 흥미와 호기심을 유발해 동식물의 생태를 알고 자연스럽게 생명의 다양성과 숲을 이루는 생명의 의미를 생각해 볼 기회를 제공하는 게 좋다는 점도 알았습니다.

생태 놀이는 자연에서 흔히 보는 풀과 꽃, 나뭇잎, 열매, 돌, 흙을 이용해 신나게 놀며 자연과 생태에 대한 배움이 일어날 수 있는 놀이를 뜻합니다. 생태 놀이로 수업하자 학생들이 흥미와 호기심을 보이며 적극적으로 참여했습니다. 수업하는 저도 즐거웠습니다. 이를 지켜본 선생님들이 "그런 식이라면 우리도 할 수 있을 것 같다" "그 자료를 공유해주면 좋겠다"고 했습니다. 이 말에 학교 숲에서 하는 생태 놀이 책을 만들기로 용기를 냈습니다.

생태 교육은 생태계에서 실제로 일어나는 현상을 오감으로 체험하며 사고의 변화를 꾀하고, 이를 통해 배운 것을 생활에서 실천하는 데 목적이 있습니다. 생태계를 이해함으로써 생활양식을 바꾸고, 나아가 자연과 더불어 호흡하며, 생명에 대해 올바로 이해하는 것입니다. 생명의 존엄성을 배우고, 자연스럽게 긍정적인 인성 발달에 이르도록 교육적이면서 놀이 중심으로 내용을 구성했습니다.

산, 들, 강에서 뛰어놀며 자연을 오감으로 체험하고 생명을 존중하도록 가르치는 것이 최선이지만, 도시화된 일상에서 숲을 직접 찾아가 놀이하기는 어렵습니다. 그 한계를 극복하도록 돕는 공간이 학교 숲이나 인근 공원이라고 생각했습니다. 인위적으로 조성·관리하는 학교 숲에도 자연현상을 관찰하고 체험할 활동이 가득합니다. 가까운 공원이나 학교 숲에서 자라는 나무와 동식물을 관찰하고 놀면서 새로움을 발견할 것입니다. 나아가 자신이 하나의 생명체로서 자연환경과 함께한다는 것을 느끼고, 자연현상과 생태계의 관계를 이해하며, 생물의 다양성이 지구를 살릴 수 있음을 깨달을 것입니다.

교사이면서 숲 해설가의 시선으로 교육과정과 연계해 생태 놀이를 할 수 있도록 썼기 때문에, 자연과 생태를 잘 모르는 선생님도 참고 도서로 활용하기 좋을 것입니다. 흥미 위주의 단순한 자연 놀이로 끝내기보다 동식물의 생태와 연계해, 생태적 감수성이 풍부하고 지적으로 성장하는 아이의 모습을 보고 싶은 학부모에게도 도움이 될 것입니다.

이 책을 완성하기까지 많은 분의 도움을 받았습니다. 아이들과 교실 속 놀이를 즐기는 대야초등학교 박지영 선생님은 일반 교사의 시각으로 생태 놀이를 교육과정에 적용하며 많은 도움을 줬습니다. 성취 기준을 분석해 교육과정과 연계하고, 학생들에게 프로그램을 직접 적용하면서 준비 절차가 복잡하고 활용성이 떨어지는 활동에 대한 조언도 아끼지 않았습니다. 교사이자 사진작가 민현홍, 숲 해설가 솔향 이윤정, 꿀벌 윤선옥, 홀아비꽃대 지봉식 님은 생태 사진으로, 김별 님은 그림으로 도와주셨습니다. 무엇보다 2022학년 대야초등학교 1학년 1반 학생들이 사진 정보 제공에 동의해줘, 실제 수업 활동 장면을 담을 수 있었습니다. 고맙습니다.

2023년 새봄
꽃마리 양경말

차 례

11

열매와 색의 마술사, 가을 227

부록 277

자연과 친구 해요

활동 목표	학교 숲에 다양한 생명체가 살아간다는 것을 알고, 생태 체험 활동에 호기심을 갖는다.
시기	사계절(생태 놀이 도입 활동)
주요 활동	1. 숲 친구에게 인사하기 2. 함께 마음을 모아 3. 숲속 보물찾기 4. 달라진 것을 찾아라 5. 자기 나무 정하고 돌보기 6. 자연 이름 짓기 7. 다양성이 지구를 살린다

학년군	내용 요소	성취 기준
1~2	생명 존중 생물 다양성	[2슬 02–03] 봄이 되어 볼 수 있는 다양한 동식물을 찾아본다. [2즐 02–04] 여러 가지 놀이나 게임을 하면서 봄나들이를 즐긴다.
1~2	생명 존중	[2슬 04–03] 여름에 볼 수 있는 동식물을 살펴보고 그 특징을 탐구한다.

가볍게 산책하며 주위를 둘러보고 내 주변에 있는 생물과 만나는 시간으로, 생태 놀이를 위한 준비운동이다. '자연과 친구 해요'는 나와 나를 둘러싼 주변을 관찰하는 놀이를 통해 인간도 자연의 일원이고 자연과 함께 살아가야 함을 느끼도록 한다. 자연 속의 이름으로 자신을 불러보고, 나를 둘러싼 환경은 어떻게 구성되며 어떤 관계를 맺고 살아가는지 알아본다.

겨울이 지나고 새싹이 올라오는 3월 학교 숲의 생태를 관찰하고, 자연물을 활용해 집중력과 관찰력을 기른다. 계절이 겨울에서 봄으로 변하는 시기에 간단한 생태 놀이로 봄의 모습을 느끼고, 봄에 관한 경험을 나누며 학습 주제에 호기심을 유발한다. 더불어 주변의 자연에서 봄에 하고 싶은 놀이를 아이들과 나누면 좋다.

"아이들을 데리고 자연으로 떠날 때는 지식보다 감성이 훨씬 중요하다."
— 《타임》이 선정한 20세기를 변화시킨 100인, 환경 운동가 레이첼 카슨

01

숲 친구에게 인사하기

 무엇을 배우나요?

숲 체험 활동을 하기 전에 주의할 점을 알고, 자연을 생각하며 참여하도록 돕는 놀이다. 아이들은 이 놀이를 통해 그동안 아무 생각 없이 지나친 생물을 다른 눈으로 보게 될 것이다.

이렇게 진행해요

① 둘러서서 두 팔을 벌리고 봄바람을 마음껏 느껴보자.

② "숲 체험을 할 때 어떻게 해야 할까?" "주의할 점은?" 등을 이야기한다.

③ 숲에 사는 생물에게 인사하는 이유와 인사하는 법을 설명한다.

④ "○○야 안녕!"이라고 처음에는 작게, 점점 크게 인사한다.

⑤ 아이들과 함께 학교 주변을 둘러보며 중간중간 간단한 설명을 한다.

⑥ 각자 도화지나 나뭇잎을 말아서 만든 망원경으로 학교 숲 이곳저곳을 색다른 시선으로 관찰한다.

⑦ 땅에 떨어진 열매, 나뭇잎 등을 줍는다.

⑧ 산책하면서 관찰한 것을 이야기한다.

- 학교 숲을 돌아보니 어떤 생각이 드나?
- 새롭게 안 사실은?
- 자신이 주운 자연 친구를 소개해보자. 왜 자연 친구로 선택했나?
- 이름을 붙여준다면?

참고하세요

① 인사하는 대상(나무, 개미, 다람쥐 등)을 직접 불러줄 수도 있고, 선생님이 '땅에 사는 생물' '나무에서 볼 수 있는 생물' '하늘에 사는 생물' '숲에서 볼 수 있는 생물' 등을 말하면 해당하는 곳에서 보이는 생물을 부를 수 있다.

② 숲 친구에게 인사할 때 소리를 크거나 작게 해서 집중 효과를 높인다.

③ 산책은 심신을 활성화하고, 기분을 좋게 하며, 생태 놀이 과정에 숲을 체험하는 기본 활동이다. 산책하면서 햇빛과 바람을 느끼고, 주변의 꽃과 풀, 나무와 하늘을 인식한다.

생태 놀이할 때 지켜야 할 예절

① 스스로 즐겁게 참여하며 자연과 하나가 되고자 한다.
② 생명 존중 의식을 가지고 자연물의 수집과 활용을 최소화한다. 잎사귀를 채집할 때도 가능하면 가위를 사용해 식물의 다른 부분에 상처가 나지 않도록 한다.
③ 안전에 유의하고, 규칙과 정해진 시간을 지키며, 선생님의 안내에 따른다.
④ 놀이 과정에서 친구들과 협력하고, 다른 사람 처지를 배려하며, 소통하고 나누는 마음가짐을 갖춘다.
⑤ 자연에서 산책할 때는 주위를 찬찬히 보고, 여러 생명이 놀라지 않게 소곤소곤 말한다.
⑥ 쓰레기봉투를 준비해 환경보호 활동에 적극 참여한다.

02

함께 마음을 모아

 무엇을 배우나요?

모둠이 하나가 돼서 배려하고 협력해야 성취감을 높일 수 있음을 안다.

 이렇게 준비해요

흰 천(보자기)

 이렇게 진행해요

① 모둠별로 '숲 친구에게 인사하기'에서 가져온 자연물을 흰 천 위에 늘어놓고 둘러앉는다.
② 모둠원이 함께 천 가장자리를 잡고 자연물이 움직이거나 떨어지지 않도록 팽팽하게 당기면서 그대로 일어선다.
③ 선생님의 지시(오른쪽으로 두 걸음, 왼쪽으로 한 걸음, 뒤로 한 걸음, 앞으로 세 걸음 등)에 따라 천에 놓인 자연물이 움직이지 않게 이동한다. 선생님은 다양한 이동 방법을 제시해 집중력을 높인다.

 참고하세요

협력하며 집중하고 천을 팽팽하게 당겨야 한쪽으로 쏠리지 않는다.

03

숲속 보물찾기

 무엇을 배우나요?

보물찾기를 응용해 자연을 탐구하는 놀이다. 자연물을 관찰하고 특징에 따라 상상력을 동원해 채집 · 분류한다.

 이렇게 준비해요

흰 천(보자기), 보물 카드, 줄, 나무집게

이렇게 진행해요

① 보물 카드를 하나씩 받아 해당하는 자연물을 찾는다.

② 각자 찾은 자연물을 흰 천에 모으고, 같은 종류끼리 분류한다. 나무 사이에 줄을 묶고 나무집게로 달아도 좋다.

③ 각자 생각하는 보물이 어떻게 다른지 이야기한다.

- 숲이 우리에게 주는 보물은 어떤 것이 있으며, 내가 찾은 보물의 의미는?
- 친구가 발표하는 것을 듣고 가장 마음에 들거나 기억에 남는 자연 속 보물은?

① 보물 목록은 흥미 있고 숲속에서 발견할 수 있는 것으로 한다.

② 두 명 이상 짝지어 토의하면서 보물을 찾는 방법으로 할 수도 있다.

보물 목록으로 '숲속 빙고'

① 모둠을 아홉 명으로 구성해 1~9번 카드에서 한 장씩 나눠준다.

② 땅바닥에 나뭇가지로 빙고판을 만들거나 그린다.

③ 모둠별로 보물 카드를 빙고판에 놓고 해당하는 자연물을 찾는다.

④ 빙고판을 가장 먼저 완성한 모둠을 칭찬한다.

⑤ 선생님이나 어린이가 돌아가며 보물 목록 하나를 부르면 해당하는 카드와 자연물을 뺀다.

⑥ 빈칸으로 빙고를 완성했을 때 "빙고"라고 외친다.

✪ 부록 279쪽에 보물 목록 예시가 있습니다.

04

달라진 것을 찾아라

 무엇을 배우나요?

숲속 자연물의 특성이나 생김새를 직감적으로 기억하며 집중력을 기른다.

 이렇게 준비해요

흰 천(보자기)

 이렇게 진행해요

① '숲속 보물찾기'에서 찾은 자연물을 흰 천에 놓는다. 이때 같은 자연물은 한 개만 놓는다.
② 흰 천에 놓인 자연물을 보고 어디에 무엇이 있는지 기억한다.
③ 선생님이 "하나 둘 셋" 외치면 뒤돌아선다.
④ 어린이들이 뒤돌아선 동안 선생님은 자연물에 변화를 준다(어린이들이 돌아가며 할 수도 있다).
⑤ 선생님이 다시 "하나 둘 셋" 외치면 흰 천을 보고 선다.
⑥ 자연물에 어떤 변화가 있는지 맞힌다.

 참고하세요

① 인원이 많으면 두세 모둠으로 나눈다.
② 자연물 이름을 모르면 생김새나 특징을 이야기한다.
③ 자연물에 변화를 주는 방법
  • 하나씩 빼기 : 자연물을 하나씩 빼면 무엇이 사라졌는지 이야기한다.
  • 위치 바꾸기 : 자연물이 적으면 위치를 바꾼다.
  • 모양 바꾸기 : 자연물이 아주 적으면 나뭇가지 일부 자르기, 꽃잎 떼기, 잎자루 떼기, 열매 자르기 등 모양에 변화를 준다.

05

자기 나무 정하고 돌보기

 무엇을 배우나요?

나무와 교감하며 자연과 친구를 배려하고 사랑하는 방법을 배운다.

이렇게 진행해요

① 학교 숲에서 마음에 드는 나무를 고른다.

② 나무를 만지고, 향기를 맡고, 나무에서 들리는 소리에 귀 기울이는 등 오감으로 관찰하고 안아준다.

③ 손가락으로 관찰한다.

- 자기가 정한 나무의 키만큼 떨어져 앉는다.
- 손가락으로 그림을 그리듯이 천천히 나무를 따라간다. 나무 아래부터 줄기를 따라 위로, 가지 사이사이로 천천히 내려온다.

④ 나무의 키를 잰다.

- 나뭇가지 하나를 주워(색연필로 대체 가능) 나무에 자신의 눈높이를 표시한다.
- 나무를 보면서 팔을 앞으로 뻗고 나뭇가지가 위로 가게 잡는다.
- 한쪽 눈을 감고 손에 든 나뭇가지를 보면서 나무에 눈높이를 표시한 지점과 나무의 제일 높은 지점이 나뭇가지 안으로 들어올 때까지 뒷걸음친다.
- 서 있는 곳 발끝에서 나무가 있는 곳까지 길이를 재고 눈높이를 더한다.

⑤ 내 나무 그리고 이름 짓기

색종이 크기 종이에 자기가 정한 나무의 잎과 열매, 전체적인 모양을 그리고 적당한 이름을 붙인다. 이때 줄기는 나무껍질을 탁본으로 떠서 표현하면 실감 난다.

⑥ 놀이가 끝나면 교실로 들어가 게시판이 학교 숲이라 생각하고 자기 나무의 위치를 찾아 붙인다.

🍄 참고하세요

① '자연과 친구 해요'를 시작할 때 자기 나무를 정할 거라고 예고한다.

② 자기 나무처럼 크게 자랄 자신의 모습을 상상하고, 1년 동안 자기 나무를 보살피며 잎이나 열매, 꽃, 나무 모양이 어떻게 변해가는지 관찰한다.

③ 처음에는 나무의 특징이 담긴 이름을 지었지만, 자기 나무의 정보를 찾아본 다음 진짜 이름을 찾아준다. 요즘은 많은 어린이가 스마트폰을 가지고 다닌다. '구글렌즈' 애플리케이션을 이용하거나 인터넷을 검색할 수도 있고, 도서관에서 식물도감을 찾아봐도 좋다.

06

자연 이름 짓기

 무엇을 배우나요?

자연을 만나고 와서 자연 이름으로 자기를 소개하며, 어색함을 없애고 좋아하는 자연과 친근해진다.

 이렇게 준비해요

이름표 만들 종이, 꾸밀 재료

 이렇게 진행해요

① 모둠별로 앉는다.

② 학교 주변에서 본 것이나 자기가 아는 생물의 이름 가운데 골라 자연 이름을 짓는다.

③ 스스로 생각한 이름이 있으면 친구들에게 알리고 의견을 묻는다. 이름 짓지 못한 어린이는 자신의 특징을 이야기하고 친구들이 이름을 지어준다.
   - "나는 노란 꽃과 민들레 꽃씨가 아름답다고 생각해. 그래서 '민들레'."
   - "집에서 귀여운 강아지를 키우는데, 학교 갔다 돌아오면 꼬리 치며 반기는 강아지가 좋아. 그래서 '강아지'라고 할게."
   - "나는 목소리가 크고 눈이 튀어나온 편이야. 내 이름을 지어줘."
     "목소리가 크고 눈이 튀어나온 건 개구리. '개구리'라고 부르면 좋을 것 같아."

④ 자연 이름을 다 지었으면 각자 이름표를 꾸민다. 자연 이름을 쓰고 관계된 그림을 그리면 좋다.

⑤ 각자 자연 이름을 소개하고, 이름을 지은 이유도 말한다.

⑥ 이름표를 다 만들면 모둠별로 둘러앉아 네 박자(무릎-손뼉-오른쪽 엄지-왼쪽 엄지)로 이름 부르기 게임을 한다.

07

다양성이 지구를 살린다

 무엇을 배우나요?

다양성이 유지될 때 생태계가 더 안정적이고 바람직한 모습이라는 것을 체험한다.

 이렇게 준비해요

털실 뭉치, 공(에어 볼이나 풍선처럼 가벼운 공)

 이렇게 진행해요

① 다 같이 둘러앉아 털실 뭉치가 자기에게 오면 학교 숲을 돌아본 소감을 말하고, 다른 친구에게 털실 뭉치를 던진다. 이때 털실을 팽팽하게 잡고 소감을 말한다.

② 털실 뭉치를 전달하는 과정을 반복하면 털실이 그물처럼 얽힌다. 중간중간 공을 얹어본다. 처음에는 공을 얹기 어렵지만, 실이 여러 방향으로 얽힐수록 잘 얹을 수 있다.

③ 모두 돌아가면 얽힌 털실 위에 지구를 상징하는 공을 얹고 일정 시간 동안 버틴다.

④ 눈을 감은 상태에서 한 사람씩 잡고 있던 털실을 놓는다.

⑤ 놀이의 의미를 파악하기 위해 다음과 같이 묻는다.

- 털실이 한두 줄만 얽혔을 때 공을 실에 얹을 수 있었나요?
- 어떻게 하면 공을 실에 더 안전하게 얹을 수 있나요?
- 게임에 참여한 어린이들이 지구에 사는 생물이라면 공과 실은 무엇일까요?
- 생물 다양성이 유지되는 것과 지구는 어떤 관계가 있을까요?
- 털실을 놓는 것은 무엇을 의미하나요?
- 공은 어떻게 됐나요?
- 생물 다양성이 감소하면 지구는 어떻게 될까요?

봄이 왔어!
개구리야 놀자

활동 목표	개구리의 한살이를 알아보고, 소리와 색, 모양, 신체 등 다양한 방법으로 표현해 개구리의 생태를 이해한다.
시기	개구리가 겨울잠을 자고 나오는 시기(사계절 가능)
주요 활동	1. 개구리 체조로 몸풀기 2. 개구리 짝짓기 3. 개구리 한살이 4. 어디 어디 숨었니? 개구리야 5. 개구리 사냥꾼 6. 멀리멀리 뛰어라, 개구리야

학년군	내용 요소	성취 기준
1~2	생명 존중 생물 다양성	[2슬 02–03] 봄에 볼 수 있는 동식물을 찾아본다. [2즐 02–03] 봄에 볼 수 있는 동식물을 다양하게 표현한다. [2즐 04–03] 여름에 볼 수 있는 동식물을 다양하게 표현한다.
3~4	동물의 한살이	[4과 10–03] 여러 가지 동물의 한살이를 조사해, 동물에 따라 다양한 한살이 유형을 설명한다.

교육과정에 제시된 활동 : '봄 동산에 사는 친구들' '팔딱팔딱 개구리 됐네'

자연에서 겨울이 가고 봄이 오는 과정을 시냇물, 꽃과 나무, 동물의 모습 등을 통해 알아보고, 심화 활동으로 봄에 볼 수 있는 대표적인 동물인 개구리의 생태를 탐구한다. 자기를 보호하기 위해 몸빛을 바꾸는 보호색 놀이, 움직이는 것은 무조건 잡아먹는 대식가, 암컷을 유혹하기 위해 울음통이 발달한 짝짓기 놀이 등을 통해 겨울잠에서 깬 개구리가 어떻게 봄을 보내는지 개구리의 특징을 자연스럽게 이해한다.

개구리가 겨울잠에서 깨어난다는 경칩이 지나면 완연한 봄을 느낀다. 양서류는 환경 변화에 민감한 변온동물이다. 온난화로 겨울이 짧아지면서 개구리가 깨어나는 시기도 앞당겨지고 있다. 개구리가 일찍 깨어날 때 갑자기 한파가 찾아오면 생존에 어려움이 있다.

01

개구리 체조로 몸풀기

 무엇을 배우나요?

퀴즈와 몸풀기 체조로 개구리의 생태에 호기심을 갖는다.

 이렇게 진행해요

① 양발을 어깨너비로 벌리고 양팔을 앞으로 모아 붙인다(기도 자세).
② 손바닥이 얼굴 반대쪽으로 향하게 해서 양손을 서서히 위로 쭉 뻗는다.
③ 양팔을 서서히 아래로 내리며 기마 자세로 무릎을 굽힌다. 이때 팔꿈치는 옆구리까지 내린다(팔이 ㄴ 자 모양).
④ 다시 양팔을 서서히 올려 쭉 뻗고 무릎도 편다.
⑤ 양팔을 서서히 내려 준비 동작으로 돌아온다.

 참고하세요

'개구리 체조'는 허리와 다리의 근육을 이완시키고 유연성을 높이는 운동이다. 놀이하기 전에 근육을 풀어줘 안전사고 예방에 도움이 된다. 개구리 체조를 하기 전, '나는 누구일까요?'로 오늘 놀이할 동물에 호기심을 갖게 한다.

- 이것은 암컷보다 수컷이 엄청나게 많다.
- 주로 밤에 나와 움직이는 것만 먹는데, 이때 혀를 이용한다.
- 겨울잠을 잔다.
- '○○○ 올챙이 적 생각 못 한다' '우물 안 ○○○' 같은 속담이 있다.
- 비가 오는 날 울음소리가 유난히 크다.
- 알-올챙이-○○○로 한살이 과정을 거친다.

나는 누구일까요?
정답 개구리

02

개구리 짝짓기

 무엇을 배우나요?

수컷이 떼를 지어 울며 암컷을 찾아 짝짓기 한다는 것을 안다.

 이렇게 준비해요

눈가리개

 이렇게 진행해요

① 두 명씩 짝지어 암컷과 수컷을 정하고, 울음소리도 정한다.
② 짝과 흩어진다. 이때 잘 흩어지지 않으면 두 명이나 세 명, 네 명, 혼자 있기 등 짝짓기 놀이로 흩어지게 한다.
③ 암컷은 눈가리개를 하고 수컷 짝의 울음소리를 듣고 찾아간다.
④ 짝을 찾으면 잘 찾아왔다고 수컷이 암컷을 업어준다.
⑤ 역할을 바꿔서 해본다.

 참고하세요

개구리 울음소리는 종류와 크기에 따라 음이 다르다. 비가 온 뒤나 모내기 철 밤이 되면 개구리들이 극성스럽게 울어대는 까닭이 무엇일까? 수컷이 암컷을 애타게 부르는 소리다. 많은 수컷이 번식기에 아래턱의 주머니를 부풀려 소리를 내서 암컷을 유혹한다. 덩치가 큰 수컷일수록 암컷에게 인기가 높다. 수컷은 암컷 등에 달라붙어 정자를 뿌려서 체외수정을 한다. 이때 수컷은 알을 낳아야 암컷을 놓아준다. 일부 수컷은 같은 수컷이나 다른 종 개구리는 물론이고 물고기, 나무토막 등을 껴안고 놓지 않기도 한다.

개구리는 올챙이 때 아가미로 호흡하지만, 개구리가 되면 폐로 호흡한다. 폐로 호흡하는 것만으로 부족해서 피부로도 숨을 쉬며 산소를 보충한다. 비 오는 날 피부에 습기가 많아 숨쉬기가 편하니, 기분이 좋아 노래 부른다는 것이다.

03

개구리 한살이

![mushroom icon] **무엇을 배우나요?**

- 짝짓기 놀이하면서 개구리의 한살이를 이해한다.
- 개구리의 생태를 이해하고, 개구리 한살이 미니 북을 만든다.

![mushroom icon] **이렇게 진행해요**

① 모두 알이 되어 "알"이라고 외치고 다니며 가위바위보 한다.

② 가위바위보에서 이기면 "올"이라고 외치고 다니며 가위바위보 한다.

③ 올챙이에서 이기면 "뒷 쑥"이라고 외치고 다니며 가위바위보 한다.

④ 뒷다리에서 이기면 "앞 쑥"이라고 외치고 다니며 가위바위보 한다.

⑤ 앞다리에서 이기면 "개굴"이라고 외친다. 가위바위보는 한살이 과정이 같은 것끼리 한다. 놀이하면서 소리와 몸짓으로 표현하면 더욱 실감 난다.

⑥ 동요 '올챙이와 개구리'를 부른다.

⑦ '개구리 한살이' 미니 북을 만든다(미니 북 만드는 방법은 90쪽 '나만의 꽃 사전 만들기' 참고).

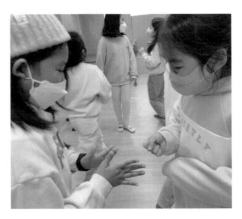

![mushroom icon] **참고하세요**

딱따구리, 제비, 꾀꼬리와 같이 암수가 함께 알이나 새끼를 돌보는 동물이 있고, 멧돼지나 곰처럼 암컷이나 수컷이 혼자 새끼를 돌보는 동물도 있다. 개구리와 거북같이 암수 모두 알이나 새끼를 돌보지 않는 동물도 있다. 개구리는 암컷이 알을 낳으면 수컷이 그 위에 정자를 뿌려 몸 밖에서 수정된다. 이렇게 체외수정을 하는 까닭은 천적에게서 새끼를 보호하기 위함이다. 알을 한꺼번에 많이 낳으면 천적에게 잡아먹혀도 일부는 살아남을 수 있기 때문이다.

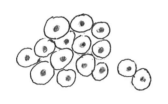

개구리의 짝짓기를 통해 알로 태어난다.

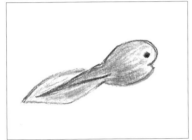

- 알에서 나와 아가미가 발달해, 물속에서 숨 쉬고 움직인다.
- 올챙이는 몸통과 꼬리로 되어 있다.

2주 후 뒷다리가 나오고, 아가미와 꼬리가 점점 작아진다.

4주 후 앞다리가 나오고, 아가미와 꼬리가 사라진다.

- 55일이 지나면 개구리 되어 물 위로 나온다.
- 개구리는 허파와 피부로 호흡하고, 물과 땅을 오가며 먹이 활동을 한다.
- 다 자란 개구리는 암수가 짝짓기하고, 암컷이 물속에 알을 낳는다.

04

어디 어디 숨었니? 개구리야

 무엇을 배우나요?

개구리의 서식지와 보호색에 대해 이해한다.

 이렇게 준비해요

색종이, 개구리 그림, OHP 필름, 네임펜

 이렇게 진행해요

개구리를 찾아라

① 개구리 색깔(갈색, 회색, 초록색 등) 색종이를 이용해 개구리 종이접기를 한다.
② 숲 여기저기에 색이 비슷한 종이 개구리를 숨긴다.
③ '알록달록 보호색을 찾아라' 놀이 후, 다른 친구들이 숨긴 종이 개구리를 찾는다.
④ 개구리는 왜 보호색을 띨까? 찾기 쉬운 색과 어려운 색에 관해 이야기한다.

알록달록 보호색을 찾아라

① 개구리 그림을 복사해서 나눠준다.
② 개구리 그림을 OHP 필름에 대고 네임펜으로 따라 그린다.
③ 개구리 그림을 가지고 다니며 풀잎이나 꽃잎, 운동장 바닥, 나무줄기 같은 자연물, 친구의 옷 등 다양한 곳에 대어본다.

개구리는 주위 환경에 따라 자기 몸을 보호하기 위해 보호색을 사용한다. 개구리 피부에 있는 색소가 빛의 강도와 습도에 따라 응집 · 확산하면서 몸빛을 바꿀 수 있다. 대다수 개구리는 몸빛이 주변 자연환경과 비슷해서 발견하기 어렵다. 눈썰미가 좋은 사람이 아니면 움직이지 않는 개구리는 가까이 있어도 알아차리기 힘들다.

개구리 그림

05

개구리 사냥꾼

 무엇을 배우나요?

- 움직이는 생명체만 잡아먹는 개구리의 습성을 이해한다.
- 겨울잠에서 깨어난 개구리의 먹이 사냥 놀이로 개구리의 생태를 이해한다.

 이렇게 준비해요

바람개비, 줄, 과자

 이렇게 진행해요

얼음 땡 놀이

① 개구리 한 명, 봄바람 한 명(바람개비 준비), 나머지는 곤충이 된다.
② 곤충은 개구리에게 잡히지 않도록 피해 다닌다.
③ 개구리가 다가왔을 때 곤충이 "얼음" 하고 움직이지 않으면 잡아먹지 못한다. 개구리는 움직이는 사물만 인식하기 때문이다.
④ 얼음이 된 곤충은 봄바람이 건드려줘야 움직일 수 있다.

폴짝폴짝 개구리

① 나무 사이에 줄을 매달고 과자(먹이)를 걸어둔다.

② 일정한 거리에서 개구리처럼 뒷짐 지고 뒷다리를 모아 뛸 준비 자세를 하고, "출발!" 하면 폴짝폴짝 뛰어가 먹이 사냥을 한다.

③ 먹이는 뒷짐을 지고 손대지 않은 상태에서 높이 뛰어 입으로만 먹는다.

🍄 참고하세요

개구리의 주식은 벌레류지만, 입에 들어갈 만한 생명체는 무조건 먹이로 인식하는 사냥꾼이다. 개구리의 눈이 움직이지 않아 움직이는 사물만 인식하고, 먹성이 좋기 때문이다. 흔들리는 풀잎을 벌레로 인식해서 잡아먹으려는 모습도 보인다. 이런 개구리의 식성을 이용해 끄트머리만 남기고 훑은 이삭으로 낚시도 할 수 있다.

06

멀리멀리 뛰어라, 개구리야

 무엇을 배우나요?

개구리는 살아남기 위해 점프력을 키우고 멀리 뛴다는 것을 이해한다.

이렇게 진행해요

① 색종이로 접은 개구리 엉덩이 부분을 눌렀다가 튕기듯이 손가락을 떼면 개구리가 튀어 나간다.
② 어느 개구리가 멀리 가나 겨룬다.
③ 개구리는 뒷다리를 접었다가 펴면서 높이, 멀리 뛴다. 우리도 개구리처럼 앉았다가 높이, 멀리 뛰어보자.

참고하세요

개구리는 뒷다리가 길고 단단한 근육질이라, 위협을 느끼면 몸길이의 20배가 넘게 점프해 순식간에 몸을 숨긴다. 단 지구력이 떨어져서 오래 뛰지는 못한다.

꽃동산에 봄이 왔어요

활동 목표	봄에 볼 수 있는 꽃을 찾아보고, 봄꽃을 오감으로 탐색한다.
시기	봄
주요 활동	1. 짝을 찾아요 2. 자연에서 색을 찾는 나들이 3. 나는 로제트 식물이야 4. 이름을 지어줄게 5. 자세히 보아야 예쁘다 6. 봄나물 7. 실내에서 할 수 있는 자연 놀이

학년군	내용 요소	성취 기준
1~2	생물 다양성	[2슬 02-03] 봄이 되어 볼 수 있는 동식물을 찾아본다. [2즐 02-01] 봄의 모습과 느낌을 창의적으로 표현한다.
3~4	식물의 생활	[4과 05-02] 식물의 생김새와 생활 방식이 환경과 관련되어 있음을 설명한다.
5~6	기후와 지형 환경	[6사 01-03] 우리나라 기후 환경에서 나타나는 특성을 탐구한다.

교육과정에 제시된 활동 : '봄 친구들을 만나요' '조물조물 봄과 놀기'

봄에 접할 수 있는 색과 모습, 느낌을 다양한 도구를 활용해 창의적으로 표현한다. 봄의 모습과 느낌을 표현하기 위해서는 봄과 관련된 색을 찾는 활동이 필요하다. 그래서 봄에 학교 숲에서 볼 수 있는 풀과 꽃을 오감으로 관찰하고, 탐색한 자연물로 놀이하다 보면 무심히 지나치던 자연을 자세히 보며 흥미와 관심을 드러낼 것이다. 여기 제시한 활동 가운데 시간과 장소에 따라 선택해서 활동한다.

01

짝을 찾아요

 무엇을 배우나요?

퍼즐 조각을 맞추며 친구들과 친밀감을 형성하고, 우리 주변의 식물에 호기심을 갖는다.

 이렇게 준비해요

조각낸 봄꽃 카드

 이렇게 진행해요

① 선생님은 봄꽃 사진이나 그림 카드를 구성하고자 하는 모둠 인원만큼 자유롭게 자른다.
② 무작위로 나눠주고 그림 조각 퍼즐을 맞추게 한다.
③ 퍼즐이 맞는 대로 자연스럽게 모둠을 형성한다.
④ 퍼즐 조각에 있는 봄꽃을 찾아보고, 특징과 생김새에 관해 이야기 나눈다.

 참고하세요

나무, 나뭇잎 등 다른 자연물 카드로 할 수도 있다. 모둠이 자연스럽게 구성되고, 퍼즐의 짝을 찾는 동안 참여하는 친구들과 대화하며 친밀감을 조성할 수 있다. 퍼즐로 맞춘 봄꽃을 직접 찾아보고, 그 특징과 생김새에 관해 이야기 나누다 보면 식물에 호기심도 생긴다.

모둠을 4명으로 구성할 때

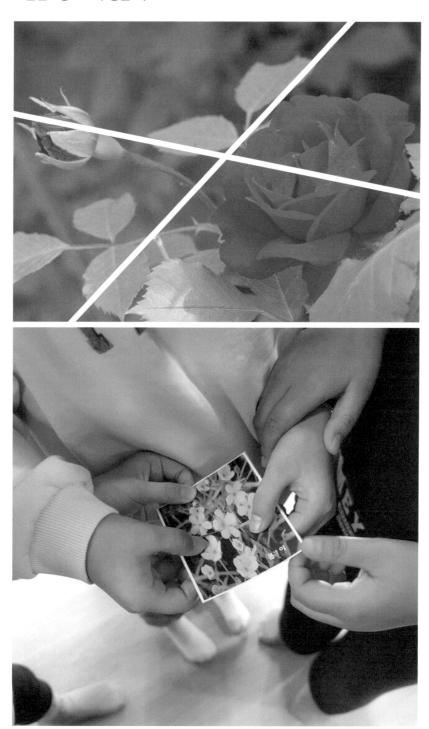

02

자연에서 색을 찾는 나들이

 무엇을 배우나요?

봄꽃의 색과 모양을 탐색한다.

 이렇게 준비해요

'노랑 빙고'와 '봄꽃 빙고' 종이, 색연필, 종이 끈(여러 가지 색), 두꺼운 도화지(1/2 크기), 양면테이프

 이렇게 진행해요

같은 색을 찾아라

① '노랑 빙고'와 '봄꽃 빙고' 종이를 나눠준다.
② 내가 찾은 곳에 색연필로 칠한다. 같은 색을 찾을 때 전체가 아니라 어느 한 부분만 비슷해도 된다.

자연물 액자 만들기

① 두꺼운 도화지와 종이 끈을 나눠준다.
② 종이 끈의 꼬임을 펴면서 각자 색깔을 말한다.
③ 종이 끈 색이 꽃, 나무, 하늘, 흙 등 자연의 어느 것과 비슷한지 이야기 나눈다.
④ 두꺼운 도화지 테두리를 종이 끈으로 장식한다.
⑤ 비슷한 색 자연물을 찾아 양면테이프로 붙인 다음 전시한다.

참고하세요

유치원생이나 저학년은 '자연물 액자 만들기' 대신 다음 활동을 한다.

① 색연필을 나눠주고 꽃, 나무, 하늘, 흙 등 자연의 어느 색과 비슷한지 이야기 나눈다.

② 색연필 색과 같은 자연물을 한 가지씩 찾아 가져오게 한다.

✪ 부록 281쪽에 노랑 빙고, 283쪽에 봄꽃 빙고가 있습니다.

03

나는 로제트 식물이야

 무엇을 배우나요?

봄에 꽃을 피우는 식물의 겨울나기 전략을 알아보고, 봄철 학교 주변에서 볼 수 있는 들풀의 생태에 대해 배운다.

 이렇게 준비해요

돋보기, 실, 긴 줄

 이렇게 진행해요

① 선생님과 함께 학교 숲을 돌며 겨울을 지낸 들풀의 잎이 땅바닥에 있는 모습을 관찰한다.
② 질경이, 민들레, 냉이를 돋보기로 관찰한다.
- 토끼풀이나 민들레, 질경이 잎이 땅바닥에 어떻게 있는가?
- 질경이 잎을 찢으면 무엇이 나오나?
- 민들레 잎줄기를 잘라보면 무엇이 나오나?
- 봄을 알리는 제비꽃과 민들레로 장신구를 만든다.

질경이 제기차기

① 잎자루가 길고 굵은 질경이 잎을 10~15장 모은다.
② 잎사귀 바로 밑에서 꺾어 섬유질만 남기고 벗긴다.
③ 잎 앞면이 위로 가도록 동그랗게 겹쳐 잡고 섬유질만 남은 줄기를 묶는다. 섬유질이 튼튼하지 못하거나 줄기 양이 적으면 중간에 풀어지거나 끊어질 수 있으므로 실을 이용해 한 번 더 묶으면 좋다.
④ 질경이 제기차기를 한다. 제기차기가 어려우면 질경이에 실이나 끈을 매달아 한 손으로 잡고 찬다.

질경이 제기 만드는 법

질경이 잎자루 껍질을 벗긴다.

질경이를 두 묶음으로 나눈다.

두 묶음을 질경이 심으로 감는다.

질경이 심으로 감아 묶는다.

완성

※ 질경이 잎자루 껍질을 벗기기 어려우면 질경이 하나를 뿌리째 뽑아서 차거나, 껍질을 벗기지 않고 잎자루 바로 밑을 묶어서 사용한다.

질경이와 민들레

질경이는 생명력이 질기고 강해서 '질경이'라고 이름 붙였다. 가뭄과 뙤약볕에도 죽지 않으며, 차바퀴와 사람의 발에 짓밟힐수록 오히려 강인하게 살아난다. 잎을 찢어보면 나오는 실 같은 줄기 때문이다.

민들레는 지방에 따라 김치를 담그거나 나물로 먹기도 했다. 낮에 민들레가 꽃을 오므리면 비가 온다고 여겼는데, 햇빛과 날씨에 예민하기 때문이다. 잎줄기를 자르면 나오는 하얀 즙은 손등의 사마귀를 없애는 데 약으로 사용했다.

림보 놀이

① 키를 낮춰 겨울바람을 이겨보자. 누가 겨울바람을 제일 잘 이겨낼까?

② 두 사람이 긴 줄을 잡고 서면 다른 친구들이 머리–어깨–가슴–허리–무릎 순서로 통과
한다. 적당한 거리에 나무가 있다면 줄을 묶고 한다.

③ 무릎까지 통과하면 겨울을 이겨낸 로제트 식물이라고 이야기해준다.

봄철 꽃을 피우는 들풀의 생리를 알기 위해서는 3~4월에 다음과 같이 관찰한다.

① 들풀 잎이 땅바닥에 어떻게 있는지 관찰한다.
② 관찰한 들풀의 특징을 이야기 나눈다.
③ 들풀이 어떻게 겨울을 견디고 살아남았을까?
④ 로제트 식물에 관해 설명한다.

로제트 식물이란?

식물이 땅바닥에 붙어 짧은 줄기에서 수평으로 나온 잎이 장미꽃 모양과 비슷해 로제트 식물이라고 한다. 즉 뿌리잎이 방사상으로 퍼져 겨울을 견디고 봄이 되면 광합성을 활발히 하기 위해 길이 생장을 시작한다. 질경이, 민들레, 토끼풀처럼 키를 낮추고 바닥에 붙어 겨울을 난 다음 봄에 꽃을 피우는 풀은 추위를 이기기 위해 '겨울나기' 생존 전략을 쓴다.

① 키가 크거나 무성하면 얼기 쉬운데, 땅에서 오는 열을 최대한 이용하기 위해 잎을 펼쳐 땅에 바짝 붙어 있다.
② 햇빛을 받는 면적을 높이기 위해 잎이 겹치지 않게 둥근 모양이다.
③ 초식동물의 눈에 잘 띄지 않아 먹잇감에서 벗어날 기회가 늘어난다.

뽀리뱅이

질경이

지칭개

냉이

꽃마리

04

이름을 지어줄게

 무엇을 배우나요?

봄꽃에 이름을 붙여줌으로써 주변 사물을 관찰하는 능력과 상상력을 기른다.

 이렇게 준비해요

돋보기, 식물도감

 이렇게 진행해요

① 각자 봄꽃을 한두 가지 채집하거나 사진을 찍는다.

② 봄꽃의 모양과 색깔, 냄새, 촉감 등을 관찰하며 이야기 나눈다.

③ 돋보기로 관찰한 봄꽃의 특징이 가장 잘 드러나는 이름을 지어준다. 여럿이 함께했다면 의견을 나눠 가장 좋은 이름을 선택한다.

④ 봄꽃의 실제 이름을 알려주거나 식물도감에서 찾아보게 한다.

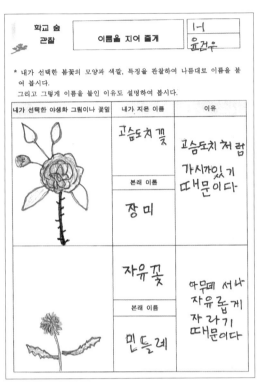

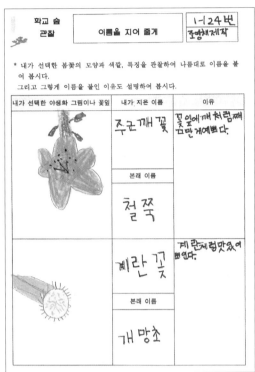

학교 숲
관찰
이름을 지어 줄게
1-1
윤건우

* 내가 선택한 봄꽃의 모양과 색깔, 특징을 관찰하여 나름대로 이름을 붙여 봅시다.
  그리고 그렇게 이름을 붙인 이유도 설명하여 봅시다.

내가 선택한 야생화 그림이나 꽃잎	내가 지은 이름	이유
	고슴도치 꽃	고슴도치 처럼 가시가있기 때문이다
	본래 이름	
	장미	
	자유꽃	아무데 서나 자유롭게 자라기 때문이다
	본래 이름	
	민들레	

학교 숲
관찰
이름을 지어 줄게
1-1 24번
조영채제작

* 내가 선택한 봄꽃의 모양과 색깔, 특징을 관찰하여 나름대로 이름을 붙여 봅시다.
  그리고 그렇게 이름을 붙인 이유도 설명하여 봅시다.

내가 선택한 야생화 그림이나 꽃잎	내가 지은 이름	이유
	주근깨 꽃	꽃 잎에 깨 처럼째 끔만 계예뿐다.
	본래 이름	
	철쭉	
	계란 꽃	계 란처럼맛있어 보인다.
	본래 이름	
	개망초	

✪ 부록 285쪽에 이름을 지어줄게가 있습니다.

🍄 참고하세요

선조들이 식물의 특징을 살려 이름을 지은 사례를 소개하고, 식물의 특징이 드러나는 이름을 지어보게 한다. 엉뚱한 의견이 나와도 존중하고 받아들여 아이들이 상상력을 마음껏 펼칠 수 있도록 격려한다.

- 애기똥풀 : 줄기를 자르면 아기 똥 같은 노란 액체가 나온다.
- 강아지풀 : 꽃과 이삭이 강아지 꼬리처럼 생겼다.
- 돌나물 : 바위나 돌 틈에서 자란다.
- 질경이 : 사람의 발이나 수레바퀴에 밟혀도 질기게 산다.
- 민들레 : 사람들이 드나드는 문 둘레에서 많이 핀다고 '문들레'로 부르다가 변했다.
- 토끼풀 : 토끼가 잘 먹는 풀이다.
- 개구리밥 : 개구리가 수면에 머리를 내밀 때, 입가에 밥풀처럼 붙는다.
- 뱀딸기 : 자라는 곳에 뱀이 자주 나타난다.

- 조팝나무 : 꽃이 핀 모습이 조밥 같다.
- 쥐똥나무 : 쥐똥같이 까만 열매가 열린다(북한에서는 검정알나무).
- 개나리 : 꽃 모양은 나리꽃(백합과)과 비슷하지만 나리만 못하다.
- 버즘나무 : 나무껍질이 버짐이 핀 모양이다.
- 화살나무 : 줄기에 달린 날개가 화살 깃과 비슷하다.
- 목련 : '나무에 피는 연꽃'이라 나무 목(木)에 연꽃 연(蓮)을 쓴다.
- 무궁화 : 새로운 꽃눈을 계속 만들어 무궁무진하게 핀다.
- 단풍나무 : 가을에 잎이 붉게 물들어 붉을 단(丹)에 단풍 풍(楓)을 쓴다.
- 산딸나무 : 산딸기 같은 열매가 열린다.
- 은행나무 : 은빛이 도는 살구를 닮아 은 은(銀)에 살구 행(杏)을 쓴다.
- 졸참나무 : 참나무 가운데 잎과 열매가 가장 작아 '졸병 참나무'라고 부르다가 변했다. 키는 크다.
- 굴참나무 : 두꺼운 나무껍질에 세로로 깊은 골이 있어 '골참나무'라 부르다가 변했다.
- 상수리나무 : 도토리 가운데 으뜸이고, 도토리묵이 수라상에 올라갔다.
- 갈참나무 : 참나무 가운데 단풍이 가장 예쁘고, 늦가을까지 잎을 달고 있다. 키는 작다.
- 떡갈나무 : 잎이 크고 넓어 떡을 싸는 데 사용했다.
- 신갈나무 : 옛날에 짚신 바닥에 깔고 다녔다.
- 사철나무 : 사시사철 푸르다.
- 주목 : 나무껍질과 열매가 붉다.
- 향나무 : 나무에서 향기가 난다.
- 팽나무 : 열매를 팽총 총알로 사용하는데, 날아갈 때 팽 소리가 난다.
- 생강나무 : 잎이나 가지를 꺾으면 생강 냄새가 난다.
- 수수꽃다리 : 꽃이 수수 꽃을 닮았다.
- 동백(冬柏) : '겨울에도 꽃이 피는 나무'란 뜻이다.
- 병꽃나무 : 꽃 모양이 병과 같다.
- 박태기나무 : 꽃 모양이 밥풀을 닮아 '밥튀기나무'라고 하다가 변했다. 밥튀기는 밥풀의 사투리로, 밥알 하나하나를 가리킨다.
- 튤립나무 : 튤립과 비슷한 꽃이 나무에 달린다.
- 수국 : '비단으로 수놓은 듯 둥근 꽃이 달린다'는 뜻이 있는 수구화가 변했다.
- 뽕나무 : 열매를 먹으면 소화가 잘돼 방귀를 뽕뽕 뀐다.

05

자세히 보아야 예쁘다

 무엇을 배우나요?

- 작은 꽃을 보며 관찰력과 탐구심을 기른다.
- 들꽃 카드놀이를 하며 겨울을 이기고 꽃을 피운 생명력에 대해 생각해본다.

 이렇게 진행해요

① 손톱보다 작은 꽃을 찾아 스마트폰으로 확대해서 찍으라고 한다(스마트폰이 없는 친구와 짝이 되어 함께 찍는다).

② 찍은 사진을 구글, 네이버, 다음 등을 이용해 꽃 이름을 찾아본다.

③ 가장 많이 찾은 어린이에게 '관찰 왕'이라고 칭찬해준다.

④ 어린이들이 찍은 사진은 게시판에 전시해, 작은 꽃에 관심을 기울이게 한다.

⑤ 이어서 들꽃 카드놀이를 한다(어린이들이 꽃에 대해 잘 모를 때는 58쪽 '동물 친구 찾기' 카드놀이와 같은 방법으로 진행한다).

⑥ 제시된 들꽃 카드를 한 사람이 여섯 장씩 갖는다. 네 명이 한다면 제시된 카드 열두 장을 두 세트(스물네 장)로 진행한다.

⑦ 돌아가며 자신이 가진 카드 중에서 한 장을 골라 설명한다.

⑧ 해당하는 들꽃 카드가 있으면 내놓는다.

⑨ 먼저 다 내는 사람이 이긴다.

참고하세요

가장 먼저 봄을 맞이하는 꽃, 이름도 예쁜 꽃. 하지만 자세히 보지 않으면 피었는지도 모르는 꽃이 많다. 나태주 님의 시 '풀꽃'을 감상한다.

✿ 부록 287 · 291쪽에 봄철 학교 주변에서 볼 수 있는 들꽃 카드가 있습니다.

06

봄나물

 무엇을 배우나요?

잡초라고 여기던 들풀로 카나페를 만들어 먹으며 들풀이 우리에게 주는 이로움을 생각해보고 친숙해진다.

 이렇게 준비해요

채반, 크래커, 잼, 깻잎이나 상추

 이렇게 진행해요

① 정해진 시간 동안 여러 가지 들나물이나 꽃을 뜯어 모은다.
② 들나물이나 먹을 수 있는 꽃을 깨끗이 씻은 뒤 채반에 건져 물기를 뺀다.
③ 크래커에 잼을 바르고 여러 가지 들풀로 장식한 카나페를 만들어 먹는다. 들풀 샐러드를 만들어도 좋다.

 참고하세요

> 길로길로 질경이, 꼬불꼬불 고사리, 이산저산 넘나물, 이개저개 지칭개
> 한푼두푼 돈(돌)나물, 말랑말랑 말냉이, 잡아 뜯어 꽃다지…

봄에 나오는 들나물은 대부분 먹을 수 있다. 독이 좀 있는 것은 데쳐서 먹으면 된다. 특히 겨울을 견딘 들나물은 비타민과 무기질이 채소보다 풍부하고, 향도 강하다. 들나물은 대개 잡초라고 불리는 것이어서 캐거나 뜯어도 괜찮지만, 풀 한 포기 한 포기가 생명이므로 소중하게 생각하며 뜯는다. 카나페를 만들기 위한 들풀은 연한 잎 위주로 뿌리 위쪽에서 자른다.

먹을 수 있는 꽃

- 진달래, 베고니아, 삼색제비꽃, 비올라 : 주로 샐러드와 비빔밥, 샌드위치를 만든다. 이 때 수술은 반드시 떼고 꽃잎만 물에 씻어 사용한다.
- 매화, 복숭아꽃, 살구꽃, 국화 : 주로 꽃차를 끓여 마신다.

먹을 수 없는 꽃

- 철쭉, 애기똥풀 : 꽃과 잎 모두 먹을 수 없다.

07

실내에서 할 수 있는 자연 놀이

 무엇을 배우나요?

주변에 흔한 봄꽃에 대해 알아보고 표현해서 자연에 관심을 쏟고 관찰한다.

 이렇게 준비해요

봄꽃 카드

 이렇게 진행해요

봄꽃 대장

① 선생님이 봄꽃 카드를 보여주면 "봄꽃" 하고 먼저 외친 모둠이 꽃 이름을 말한다.
② 틀리면 상대 모둠으로 순서가 넘어간다. 상대 모둠이 맞힐 경우 먼저 외친 모둠은 벌점, 맞히지 못할 경우 먼저 외친 모둠에게 기회가 다시 돌아간다.

사람 빙고

① 아홉 명이나 열여섯 명으로 모둠을 구성해 봄꽃 카드를 한 장씩 갖는다.
② 봄꽃 카드를 상대 모둠이 알지 못하게 감추고 빙고판처럼 한 칸에 한 명씩 앉는다.
③ 선생님이 풀꽃을 설명하면 그 풀꽃 카드를 가진 사람이 일어선다.
④ 일어선 사람들이 빙고가 되면 "빙고!"라고 외친다.

봄꽃 카드 만들기

① 각자 마음에 드는 봄꽃을 정한다.
② 봄꽃 사진을 보고 연필로 세밀하게 그린다. 테두리는 젤러펜, 색칠은 색연필로 하고, 꽃 이름이나 설명을 간단히 적는다.
③ 색종이에 봄꽃 카드를 붙이고, 친구들에게 설명한다.

⭐ 부록 295 · 299 · 303쪽에 우리 주변에서 흔히 볼 수 있는 봄꽃 카드가 있습니다.

학교 숲에 찾아온 동물 친구

4

활동 목표	학교 숲에서 볼 수 있는 동물을 찾아보고, 그들의 생태를 이해한다.
시기	봄~여름(사계절 가능)
주요 활동	1. 학교 주변 산책하며 동물 친구 찾기 2. 애벌레를 찾아라 3. 엄마, 밥 주세요 4. 빙글빙글 신나는 달팽이 놀이 5. 부지런한 개미 6. 거미가 줄을 타고 7. 여왕벌을 지켜라

학년군	내용 요소	성취 기준
1~2	생명 존중 생물 다양성	[2슬 02-03] 봄이 되어 볼 수 있는 다양한 동식물을 찾아본다. [2즐 08-03] 동물 흉내 내기 놀이를 한다. [2즐 04-04] 여름에 할 수 있는 여러 가지 놀이를 한다.
3~4	동물의 생활	[4과 03-01] 여러 가지 동물을 관찰하여 특징에 따라 분류한다.
5~6	생활 속 동물	[6실 04-03] 생활 속 동물을 활용 목적에 따라 분류하고, 돌보고 기르는 과정을 실행한다.

교육과정에 제시된 활동 : '봄 친구들을 만나요' '봄놀이 가요' '여름 동산 친구들을 만나요' '여름 동산 친구들과 놀아요'

학교 주변을 돌아보며 봄 동산에서 볼 수 있는 다양한 동물을 탐색하고, 심화 활동으로 동물의 생태에 대해 학습한다. 통합교과와 연계해 활동을 진행하면 관찰한 동물에 대한 깊이 있는 이해가 가능하다. 숲은 아이들이 자유롭게 뛰어놀기 좋은 공간이다. 숲에서 하는 활동은 모험심을 발휘하고 활기찬 아이들 본연의 모습을 끄집어낼 수 있다. 동식물을 오감으로 관찰하는 데 그치지 않고, 각 대상에 대한 이해를 돕는 놀이로 자연에서 노는 자체가 아이들에게 큰 배움이 된다. 특히 1학년 '봄 동산' 단원은 학교 숲 환경에 따라 활용 가능한 부분을 찾아 놀이를 진행할 수 있다.

　　교과서는 여름에 볼 수 있는 사슴벌레, 잠자리, 개미, 거미 등을 관찰하도록 구성된다. 도구를 이용해 동물을 관찰하고, 그 내용을 토대로 여름철 동물의 특징을 이해한다. 앞서 배운 여름철 동물의 특징을 다양한 방식으로 표현하며 생태와 습성을 감각적으로 알아본다. 아이들은 보이지 않는 원리나 추상적인 의미를 이해하기 어려워, 감각을 자극하는 체험 활동이 중요하다.

01

학교 주변 산책하며 동물 친구 찾기

 무엇을 배우나요?

학교 주변을 산책하며 동물을 찾아보고, 봄에 볼 수 있는 동물을 안다.

 이렇게 준비해요

동물 카드, 돋보기나 루페

 이렇게 진행해요

① 학교 주변을 산책하며 동물을 찾아서 스마트폰으로 사진을 찍고 관찰한다(스마트폰이 없는 경우 짝을 지어 움직인다).
② 각자 찍은 사진 속 동물의 생김새와 움직임, 발견한 장소 등을 소개한다.
③ 친구들이 발표한 동물 중에서 가장 많이 찾은 동물은 무엇인가?
④ 모둠을 나눠 동물 카드는 책상에 늘어놓고, 설명 카드는 뒤집어서 가운데 쌓아둔다.
⑤ 돌아가며 설명 카드를 한 장 뽑아 다섯 고개 1단계부터 설명한다.
⑥ 모둠원 가운데 설명을 듣고 맞힌 사람이 동물 카드를 가져간다. 틀리면 동물 카드를 내려놓고, 설명 카드는 맨 밑에 넣는다.
⑦ 정답을 맞힌 사람이 새 단어를 뽑아 다섯 고개를 이어간다.
⑧ 동물 카드가 모두 없어지면 놀이가 끝난다.

 참고하세요

봄철 화단에서 볼 수 있는 동물은 애벌레와 개미, 공벌레, 거미, 달팽이 등이고, 나무에서는 직박구리와 참새, 까치, 비둘기 등이 눈에 띈다. 맨손으로 잡기 싫어하는 어린이에게는 작업용 장갑을 준다. 움직이는 작은 동물을 관찰하기 위해서는 돋보기보다 통 안에 넣고 확대 관찰할 수 있는 루페가 효과적이다.

😊 부록 307 · 311 · 315쪽에 동물 카드가 있습니다.

02

애벌레를 찾아라

 무엇을 배우나요?

애벌레가 천적인 새의 먹이가 되지 않기 위해 보호색을 띠는 것을 이해한다.

 이렇게 준비해요

종이 끈으로 만든 애벌레, 보자기

이렇게 진행해요

① 선생님은 종이 끈으로 만든 애벌레를 풀이나 낙엽이 있는 곳, 나무껍질 등에 놓는다. 이 때 어린이들은 두 명씩 짝지어 어치 부부가 되고, 자연물을 이용해 둥지를 만든다.
② 어치 부부는 한 명은 둥지를 지키고, 한 명은 애벌레를 잡으러 간다. 이때 한 마리씩 잡고, 다시 가서 잡기를 반복한다.
③ 일정한 시간이 지나면 애벌레를 가장 많이 잡은 어치 부부에게 보상한다.
④ 전체가 모여 잡은 애벌레를 보자기 위에 색깔별로 분류한다.
⑤ 많이 잡은 색과 그렇지 못한 색을 찾아보고 왜 그런지 이야기 나눈다.

 참고하세요

① 돌멩이, 나뭇가지, 풀 등 주변의 자연물로 땅에 영역을 표시해 간단히 둥지를 만든다.

② 종이 끈으로 애벌레 만들기를 한 다음, 어린이들이 만든 애벌레로 놀이하면 더욱 즐겁게 참여한다.

③ 어린이들이 애벌레를 만들 때, 선생님은 몸통 사이에 보물 목록을 넣은 애벌레를 숨긴다.

예시 급식 1등으로 먹기, 달콤한 것

종이 끈으로 애벌레 만들기

① 애벌레의 여덟 배쯤 되는 길이로 종이 끈을 자른다.
② 위쪽 고리 두 개, 아래쪽 고리 한 개가 되게 접는다. 이때 몸통을 만들 종이 끈이 여섯 배쯤 길게 한다.
③ 애벌레 머리 쪽부터 종이 끈을 감는다. 빈틈없이 감아야 잘 풀리지 않는다.
④ 꼬리 부분 고리에 몸통을 감던 종이 끈을 넣어 잡아당기고, 머리 쪽에 눈을 붙인다.

애벌레

애벌레는 독특한 생김새 때문에 사람들이 징그럽다고 생각하지만, 반려 곤충으로 기르기도 하고 호랑나비 애벌레는 〈포켓몬스터〉 캐릭터로 묘사됐다. 애벌레는 대부분 어른벌레보다 멀리 날아가거나 빨리 도망칠 수 없다. 하지만 곤충마다 미성숙기에 살아남는 여러 가지 방법이 있다. 독이나 맛없는 물질이 있는 나비목 애벌레, 노린내로 천적이 입맛을 잃게 하는 애벌레, 독이 있는 털이나 가시가 있는 솔나방 애벌레(송충이), 땅속에 숨어 지내는 애벌레, 뱀눈 무늬를 가슴에 달아 적을 놀래는 박각시나방 애벌레, 함정을 파놓고 걸려든 작은 곤충의 체액을 빨아 먹는 명주잠자리 애벌레(개미귀신), 보호색으로 무장하는 애벌레 등이다.

03

엄마, 밥 주세요

 무엇을 배우나요?

어미 새가 애벌레를 잡아 새끼에게 먹이는 습성을 이해한다.

 이렇게 준비해요

나무집게, 눈가리개

 이렇게 진행해요

① 나무가 될 어린이를 1~3명 정하고, 옷에 나무집게(애벌레)를 여기저기 달아준다. 이때 불필요한 신체 접촉으로 오해를 불러일으킬 수 있는 곳에는 달지 않는다.
② 세 명이 한 조(어치 부부 두 명, 어치 새끼 한 명)로 어치 가족 모둠을 구성한다.
③ 나무는 눈가리개를 하고 어치가 오는 소리가 나면 팔을 뻗어 잡는다. 나무 손에 닿기만 해도 애벌레를 가져가지 못한다. 이때 손이 닿았는데 애벌레를 가져가는 경우가 있어, 참관하는 모둠과 놀이에 참여하는 모둠으로 나누는 게 좋다.
④ 어치 부부는 잡은 애벌레를 자기 둥지에 있는 새끼에게 달아준다.
⑤ 애벌레를 많이 잡은 모둠이 이긴다.

 참고하세요

새는 시력이 좋아 조용히 날면서 곤충이나 애벌레를 쉽게 찾는다. 우리나라 텃새는 언제 결혼할까? 이른 봄에 결혼해서 4월에 알을 낳고 5월에 새끼가 깨어난다. 애벌레가 5월에 가장 많이 어른벌레가 되기 때문이다. 요즘은 기후변화로 애벌레가 3월에 깨어나 4~5월에 어른벌레가 된다. 애벌레는 변온 동물로 기후변화에 적응했으나, 항온 동물인 새가 애벌레를 찾기 어려워졌다. 숲에서 새가 울지 않는다면 어떨까?

04

빙글빙글 신나는 달팽이 놀이

 무엇을 배우나요?

달팽이의 겉모습과 생태를 관찰하고, 달팽이 놀이를 한다.

 이렇게 진행해요

① 운동장에 나선형 도형을 그리고 아이들을 두 모둠으로 나눈다.

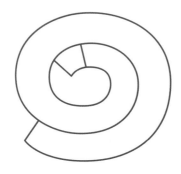

② 한 모둠은 나선형 도형 안쪽에 있는 집으로 들어가고, 다른 모둠은 바깥쪽을 집으로 정하고 한 줄로 선다.

③ '시작' 신호에 맞춰 안쪽 집에 있는 첫 번째 아이와 바깥쪽 집에 있는 첫 번째 아이가 동시에 뛰어나온다.

④ 뛰다 보면 둘이 만나는데, 이때 가위바위보 한다.

⑤ 이긴 아이는 원래 뛰던 방향으로 뛰고, 진 아이는 집으로 돌아가서 자기 모둠 맨 뒤에 선다.

⑥ 진 모둠의 두 번째 아이는 자기 모둠이 진 것을 확인하는 순간 뛰어나오는데, 첫 번째와 마찬가지로 나오다가 상대 모둠 아이를 만나면 가위바위보 한다.

⑦ 같은 방식으로 이긴 사람은 계속 상대 모둠 집을 향해 뛰고, 진 사람은 집으로 돌아가 모둠 맨 뒤에 선다. 상대 모둠의 집까지 먼저 들어가는 모둠이 이긴다.

달팽이는 습도가 높고 비가 자주 내리는 곳을 좋아한다. 다양한 식물과 이끼, 곰팡이, 버섯 등을 먹고 잘게 분해해 배설한다. 달팽이 배설물은 비료 역할을 해, 다른 식물의 성장을 돕는다. 달팽이는 야행성이라 낮에는 껍데기 속에서 자고, 위험을 느끼면 점액을 내뿜고 몸을 숨긴다. 머리에 뿔처럼 생긴 더듬이 두 쌍이 있는데, 대촉각과 소촉각으로 구분한다. 대촉각 끝에 시력은 거의 없지만 밝고 어두움을 구별하는 눈이 있다. 더듬이 네 개 모두 넣

었다 뺐다 할 수 있다. 달팽이 가운데 몇 종은 반려동물로 키우기도 할 정도로 사람에게 친숙하다.

05

부지런한 개미

 무엇을 배우나요?

놀이하며 개미의 생태를 이해한다.

 이렇게 준비해요

배구공이나 축구공

 이렇게 진행해요

영차영차 힘센 개미

① 두 모둠으로 나눈다.

② 한 모둠에서 한 명씩 공을 들고 반환점까지 달린다(인원이 많으면 두 명씩 짝지어 공을 마주 잡고 달린다).

③ 바통을 주고받는 것처럼 공을 주고받는다.

④ 먼저 들어온 모둠이 승리한다.

페로몬 발산 놀이

① 두 명씩 가위바위보 해서 진 사람이 뒤에 선다.

② 한 줄 기차가 되면 1m 정도 떨어져 선다. 인원이 많으면 모둠별로 한다.

③ 미리 정한 목적지로 이동하며 뒷사람은 앞사람이 하는 행동을 보고 도미노처럼 순차적으로 따라 한다(냄새 맡기, 나무 안아보기, 자연물 줍기 등 세 가지 이상 수행하기).

④ 선생님이 작게 "경보"라고 하면 모이고, 크게 외치면 흩어진다.

 참고하세요

개미는 배 끝에 있는 샘에서 페로몬을 분비해 먹이까지 가는 길을 동료에게 알린다. 큰턱 샘에서 분비하는 경보 물질은 옅으면 동료를 끌어모으고, 짙으면 흩어져 도망치게 한다. 개미는 집을 만들지 않고 일시적으로 숙영하며, 흐린 날이나 야간에 길게 줄지어 이동한다. 개미는 턱이 발달해, 자기 몸의 몇 배나 되는 먹이를 끌고 간다. '개미가 절구통을 물고 나간다'는 속담은 약하고 작은 사람이 힘에 겨운 일을 맡거나, 무거운 것을 가져가는 모습을 비유적으로 이르는 말이다.

06

거미가 줄을 타고

 무엇을 배우나요?

거미줄을 만들고 놀이하면서 거미와 숲의 생태를 이해한다.

 이렇게 준비해요

도화지, 필기도구, 줄, 거미줄 모양을 그린 전지, 양면테이프, 스티로폼 공, 각종 동식물
그림

 이렇게 진행해요

① 거미의 생태에 관해 이야기 나눈다.

- 거미는 곤충일까?
- 거미가 곤충과 다른 점은?
- 거미줄은 어떻게 만들까?
- 동식물은 거미줄에 걸리는데, 거미는 어떻게 매달려 있을까?
- 거미가 먹이를 잡는 방법은?
- 거미의 한살이는 어떻게 될까?

② 거미줄을 찾아 관찰한 다음 도화지나 땅에 그려본다.

③ 주변에 떨어진 나뭇가지로 땅바닥에 거미줄을 만든다.

거미에겐 안전한 거미줄

① 나뭇가지로 만든 수평 거미줄을 건너간다. 이때 나뭇가지를 건드리면 거미줄에 걸린 것
이다. 안쪽으로 들어갈수록 밟는 땅이 좁아져 거미줄에 걸린다.

② 이번에는 수직 거미줄을 만든다. 나무와 나무 사이에 거미줄처럼 여기저기 불규칙하게
줄로 연결한다.

③ 줄을 건드리지 않고 지나간다.

거미의 먹이 사냥

① 거미줄 모양을 그린 전지에 양면테이프를 군데군데 붙인 다음 평평한 곳에 건다.

② 스티로폼 공을 거미줄에 던져 붙인다.

③ 놀이가 끝나면 스티로폼 공을 떼어내고 동식물 그림을 거미줄에 걸린 듯 놓으면서 숲의 생태에 관해 설명한다.

 참고하세요

머리, 가슴, 배로 나뉘는 곤충과 달리 거미는 머리가슴과 배로 나뉘는 절지동물이다. 홑눈으로 밝고 어두운 것만 구별하며, 종에 따라 네 개, 여섯 개, 여덟 개 등 홑눈 개수가 다르다. 다리는 여덟 개인데 더듬이가 두 개 있어 열 개처럼 보인다. 날개는 없다.

거미는 크게 두 종류가 있다. 그물형 거미줄을 치고 한곳에 머무는 정주성 거미, 다리와 눈이 발달해 계곡이나 개울가, 수풀 사이 등을 돌아다니며 사냥하는 배회성 거미다. 거미는 순식간에 거미줄, 즉 거미집을 짓는다. 왕거미과 거미는 그물 모양이 둥글고 수직으로 거미줄을 치고, 갈거미과 거미는 그물 모양이 둥글고 수평으로 거미줄을 친다. 거미집은 다른 곤충에게서 거미를 보호하고, 점성 때문에 곤충이 걸리면 빠져나가기 힘들다. 거미는 거미집을 타고 전해지는 진동으로 먹이의 크기와 걸린 위치 등을 감지하며, 잡기 힘든 곤충은 주위의 거미줄을 끊어서 내보낸 뒤 보수한다.

거미도 유사 비행을 한다. 거미줄을 길게 늘어뜨려 거미줄이 바람에 날릴 때 실려서 이동하는 방법, 거미줄에 매달렸다가 바람에 거미줄이 끊어져 날아가는 방법, 거미줄을 원형으로 연처럼 만들어 날아가는 방법이 있다.

거미는 먹이에 독니를 꽂아 독액을 주입하고 소화액을 넣어 죽처럼 만든 다음 위(흡입 위)가 펌프질을 해서 빨아들인다. 더듬이 모양으로 암수를 구분한다. 더듬이가 실처럼 생겼으면 암컷, 권투 글러브처럼 생겼으면 수컷으로, 수컷의 더듬이는 생식기다. 거미는 암수 크기 차이가 나서 짝짓기에 어려움이 있다. 그래서 수컷이 엉성한 그물을 만들어(정자 그물) 정액을 쏟아놓고 더듬이로 빨아들여 암컷의 생식기에 넣는 방법으로 짝짓기 한다.

07

여왕벌을 지켜라

 무엇을 배우나요?

놀이하며 벌의 생태를 이해한다.

 이렇게 진행해요

① 두 모둠으로 나눈다.

② 여왕벌을 한 명씩 정한다.

③ 두 모둠이 10m 정도 거리를 두고 선다.

④ 자기 모둠 여왕벌을 보호할 사람, 상대 모둠 여왕벌을 공격할 사람, 상대 모둠 수비를 공격할 사람 등을 정한다.

⑤ 닭싸움 자세를 취한다. 이때 여왕벌도 닭싸움 자세를 취한다.

⑥ 놀이가 시작되면 여왕벌을 보호하며 상대 모둠을 공격한다.

⑦ 닭싸움하다가 죽으면 밖으로 나가고, 여왕벌이 죽으면 진다.

전래 놀이를 응용한 '여왕벌 닭싸움'이다. 두 명씩 혹은 모둠별(5~6명)로 닭싸움하며 기본자세를 익힌다. 놀이판 구역을 정하고 그 안에서 진행하되, 밖으로 나가면 죽는 것으로 한다. 놀이판이 너무 넓으면 외다리로 오래 서 있기 힘들다. 놀이판 밖에 죽은 사람을 위한 공간을 마련한다. 여럿이 같이 하는 놀이라 죽은 사람들 관리도 잘해야 순조롭게 진행된다.

한 판이 끝날 때마다 작전 짤 시간을 2분 정도 주고 합리적인 의사소통의 중요성을 지도한다. 수비하지 않고 모두 공격하다가 지는 경우가 많다. 미리 역할 분담을 제시하는 게 좋다.

다음은 지방에 따라 'ㄹ자 놀이' '꿀통을 지켜라'라고 하는 전래 놀이다. 고학년이라면 이 놀이도 가능하다.

① 아래와 같이 그림을 그리고 두 모둠으로 나눈 다음, 두 모둠의 안마당을 정한다.
② 동시에 양쪽 안마당에 들어간다.
③ 보초 벌과 사냥 벌을 나누고, 같이 "시작"을 외친 다음 놀이를 시작한다.
④ 사냥 벌은 안마당-쉼터-대문을 거쳐 바깥마당으로 나와서 상대 모둠의 대문-쉼터-안마당을 지나 꿀통을 차지한다. 이때 수비하는 사람은 대문을 지나는 상대 모둠 사람을 밀거나 당겨 선에서 벗어나게 하면 죽는다.
⑤ 안마당으로 들어오는 상대 모둠 사람을 밖으로 내보내 죽일 수 있다.
⑥ 선을 두 번 이상 밟거나, 선 밖으로 밀리거나, 다리를 거는 등 반칙을 하면 죽는다.
⑦ 쉼터와 바깥마당에서는 싸울 수 없다.
⑧ 상대 모둠 안마당에 쳐들어가 먼저 꿀통을 찍은 모둠이 이긴다.

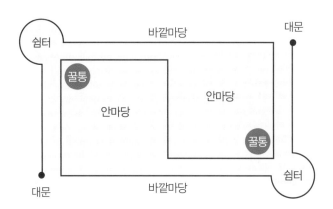

꽃놀이 가자

5

활동 목표	• 꽃을 소재로 한 관찰 · 체험 활동의 특징과 방법을 알고, 자연에서 다양한 색을 찾아본다. • 꽃의 특징을 안다.
시기	봄~가을
주요 활동	1. 꽃놀이 2. 자연물감으로 그려요 3. 꽃물 손수건 만들기 4. 꽃의 구조 알기 5. 누름꽃 만들기 6. 꽃잎(나뭇잎) 드레스 만들기 7. 나만의 꽃 사전 만들기 8. 봉숭아 꽃 네일 아트

학년군	내용 요소	성취 기준
1~2	생명 존중 생물 다양성 생태계 보호 산림 교육	[2슬 02-03] 봄에 볼 수 있는 동식물을 찾아본다. [2즐 02-04] 놀이와 게임을 하며 봄나들이를 즐긴다. [2슬 06-02] 여러 가지 자료를 활용해 가을의 특징을 파악한다. [2슬 06-01] 가을에 볼 수 있는 것을 살펴보고, 특징에 따라 무리 짓는다.
3~4	식물의 생활	[4과 05-01] 여러 가지 식물을 관찰해서 특징에 따라 분류한다.
5~6	식물의 구조와 기능	[6과 12-02] 식물의 구조를 관찰하고, 실험을 통해 뿌리와 줄기, 잎, 꽃의 구조와 기능을 설명한다.

교육과정에 제시된 활동 : '봄 친구들을 만나요' '반가워요! 가을 친구들' '가을의 색을 찾아서' '가을은 무슨 색' '꽃의 생김새와 하는 일을 알아볼까요?'

관찰할 대상이 구체적이지 못하고 어린이들이 직접 보거나 만질 수 없는 경우 학습 효과가 떨어진다. 교과서에 수록된 개나리, 진달래, 튤립, 목련, 민들레 외에 학교 주변에서 봄에 피는 꽃과 나무를 탐색하며 숲에서 찾은 색깔에 관해 이야기 나눈다.

봄 동산에서 볼 수 있는 꽃잎, 나뭇잎, 돌 등 자연물을 이용해 다양한 놀이가 가능하다. 봄꽃과 풀에 대해 공부하고, 자연에서 찾은 재료로 놀이하면 생생하고 이로운 시간이 된다. 꽃과 풀은 색이나 모양이 모두 달라서 아이들의 작품도 다채롭다는 장점이 있다.

가을 숲을 둘러보며 가을에 볼 수 있는 색에 관해 이야기 나누고, 자연물을 활용해 가을 색으로 작품을 만든다. 활동 전에 《색깔을 훔치는 마녀》라는 책을 읽어보고, 자연물에서 색을 탐색하는 활동을 하면 좋다 (교과서에 수록된 가을 식물 : 은행나무, 단풍나무, 국화, 코스모스, 참나무).

숲 놀이를 통해 고학년도 학습 내용을 쉽게 익힐 수 있다. 꽃의 구조에 대한 개념적 설명보다 주변에서 다양한 꽃을 직접 관찰하고, 관찰한 내용을 바탕으로 학습 내용을 이해하고 놀이를 통해 개념을 정리한다.

01

꽃놀이

 무엇을 배우나요?

꽃을 직접 이용하면서 자연과 교감한다.

 이렇게 준비해요

다양한 봄꽃, 부드러운 덩굴식물 줄기(주변에 없으면 실로 대체), 솔잎

 이렇게 진행해요

화관, 목걸이, 머리핀 등 장신구 만들기

① 개나리, 진달래, 철쭉 등 통꽃을 칡 같은 덩굴식물 줄기에 꿰어 원하는 길이가 되면 묶는다. 머리에 쓰면 화관, 목에 걸면 목걸이. 꽃을 같은 방향으로 겹쳐서 꿰는 방법과 엇갈려 꿰는 방법이 있다.

② 꽃 한 송이를 솔잎에 꿰어 머리핀을 만든다.

③ 덩굴성 줄기로 리스 틀을 만들어 꽃이나 나뭇잎을 꿴다(칡덩굴이 유연하고 질겨서 좋지만, 학교 숲에서 구하기 어려우니 등나무나 개나리 줄기 등으로 리스 틀을 만든다).

꽃으로 장신구 만들 때

통꽃은 꽃이 통째로 떨어지지만, 떨어진 꽃잎은 금방 시들어서 사용하기 부적절하다. 화관이나 목걸이는 꽃이 많이 필요해서 자연을 훼손할 수 있다. 이런 방법이 있다는 것만 알려주고, 곧 떨어질 꽃잎으로 머리핀을 만든다. 선생님이 주변에 흔한 들꽃으로 화관을 만들어 아이들에게 씌우고 사진을 찍어주는 활동으로 대체해도 좋다.

반지와 팔찌 만들기

① 제비꽃, 민들레, 토끼풀 등 꽃자루가 달린 꽃으로 만들 때 반지는 한 송이, 팔찌는 두 송이가 필요하다(토끼풀은 6~9월에 꽃이 피므로 여름에 만들 수 있다).

② 꽃 바로 밑 꽃자루를 0.5cm 정도 반 가른다.

③ 끝을 꿰어 고리를 만들고 손가락에 끼우면 반지가 된다. 다른 한 개를 꿰어 손목에 두르고 묶으면 팔찌가 된다.

꽃잎 타투

떨어진 꽃잎으로 손이나 이마에 붙인다. 피부에 로션을 바르면 더 잘 붙는다.

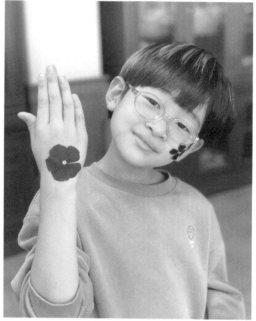

개나리꽃 놀이

- 개나리꽃은 어떤 모양인가? 무엇을 닮았나?
- 개나리꽃으로 검은 도화지에 별자리를 만들면 밤하늘 별자리 같다.
- 개나리꽃을 통째로 따서 날리면 빙글빙글 돌면서 내려온다.

🍄 참고하세요

주변에 흔한 식물을 관찰해 특징을 찾아보고, 자연물을 이용해 다양하게 놀이할 수 있다. 이런 놀이를 통해 자연 관찰이 어렵거나 힘들지 않고 흥미로운 일이라는 것을 느낀다. 자연과 교감하는 기회, 자연을 사랑하는 정신을 일깨우는 놀이다.

02

자연물감으로 그려요

 무엇을 배우나요?

주변에 구하기 쉬운 자연물을 활용해 색칠하고, 자연물에서 얻을 수 있는 색을 찾아본다.

 이렇게 준비해요

색을 낼 수 있는 자연물, 도화지, 사발, 막자(덩어리 약을 갈아 가루로 만드는 데 쓰는, 유리나 사기로 만든 작은 방망이)

이렇게 진행해요

① 모둠을 나눠 다양한 자연물을 색깔별로 하나씩 사발에 넣고 막자로 찧는다.
② 건더기를 건지고 물방울을 떨어뜨려 물감을 만든다.
③ 도안을 제공하거나 직접 밑그림을 그리게 한다.
④ 자연물감으로 색칠한다.
  • 숲에서 가장 많이 볼 수 있는 색은?
  • 자연에서 가장 다양한 색을 볼 수 있는 계절은 언제일까?

자연물로 색칠하기

자연물감을 만들어 색칠하는 방법과 자연물로 직접 문질러 색칠하는 방법이 있다. 자연물감
은 만들기 번거롭지만, 붓을 사용하기 때문에 색칠하기 쉽다. 자연물로 직접 문지르면 쉽고
색감도 좋지만, 색칠이 의도한 대로 되지 않는다. 유치원생이나 저학년은 나뭇잎에 종이를
올리고 자연물로 탁본을 떠서 자연의 색이 다양함을 깨닫게 한다.

붓에 자연물감을 묻혀 색칠한 작품

자연물로 직접 색칠한 작품

03

꽃물 손수건 만들기

 무엇을 배우나요?

주변에 구하기 쉬운 자연물을 활용해 손수건을 만들고, 자연물에서 얻을 수 있는 색을 찾아본다.

 이렇게 준비해요

꽃잎이나 나뭇잎, 무늬 없는 천, OHP 필름, 동전이나 숟가락

이렇게 진행해요

① 무늬 없는 천에 꽃잎(나뭇잎)을 올리고 어떤 손수건을 만들지 구상한다.
② ①에 OHP 필름을 덮는다.
③ 꽃잎(나뭇잎) 모양이 흔들리지 않게 잡고 동전이나 숟가락으로 문지른다. 주먹으로 살살 두드려도 된다.
④ 꽃물이 잘 들었다면 OHP 필름과 꽃잎(나뭇잎)을 떼어낸다.

참고하세요

OHP 필름이 투명해 꽃잎(나뭇잎)이 고정돼 있는지 확인하면서 작업하기 쉽다. 완성된 손수건을 다림질하고 나서 빨면 꽃물이 덜 빠진다. 세탁하면 꽃물이 약간 빠져 은은해진다. 의외로 나뭇잎이 꽃잎보다 작업하기 쉽고, 색이 잘 나온다.

04

꽃의 구조 알기

 무엇을 배우나요?

꽃의 구조와 기능을 안다.

 이렇게 준비해요

꽃의 구조(꽃잎, 꽃받침, 암술, 수술) 사진

이렇게 진행해요

① 꽃의 구조에 관해 이야기 나눈다.
② 두 모둠으로 나눠 모둠끼리 둘러선다.
③ 모둠 앞에 꽃의 구조 사진을 한 장씩 놓는다.
④ 돌다가 "멈춰!" 하고 외치면 거기에 해당하는 역할이 되어 꽃의 구조를 완성한다.
⑤ 완성한 모둠을 칭찬하고, 완성하지 못한 모둠은 그 이유를 이야기 나눈다.

참고하세요

한 사람이 꽃잎이나 꽃받침을 여러 장 표현할 수 있다. 암술은 한두 개, 수술은 여러 개를 표현한다. 꽃은 씨앗을 만드는 생식기관이고, 암술과 수술, 꽃잎, 꽃받침으로 구성된다. 네 가지 모두 있는 꽃을 갖춘꽃, 네 가지 중 하나 이상이 없는 꽃을 안갖춘꽃이라고 한다. 암술과 수술이 한 꽃에 있는 꽃은 양성화(암수갖춘꽃), 호박이나 오이같이 한 꽃에 암술이나 수술 중 하나만 있는 꽃은 단성화다.

꽃잎 속을 들여다보면 가운데 긴 것이 암술이다. 암술은 암술머리와 암술대, 씨방으로 구성되고, 씨방에는 나중에 씨앗이 될 밑씨가 들었다. 암술 주위에 길이가 조금 짧은 것이 수술이다. 수술과 꽃잎의 수가 일치하거나 n배 관계를 보이는 꽃이 많다. 수술은 꽃밥과 꽃실(수술대)로 구성되고, 수술머리에 꽃가루가 묻어 있다. 이 꽃가루가 암술에 닿으면 암술대를 따라 밑씨로 내려간다. 꽃가루를 만난 밑씨는 씨앗으로 자라고, 씨방이 커져서 열매가 된다.

꽃잎은 식물에 따라 다양한 모양이고, 암술과 수술의 보호막이 되며, 화려한 색으로 곤충을 유인한다. 꽃받침은 꽃잎에 가려 잘 보이지 않지만, 꽃이 줄기에 매달려 있도록 꽃잎을 하나로 묶어주고 받치는 역할을 한다.

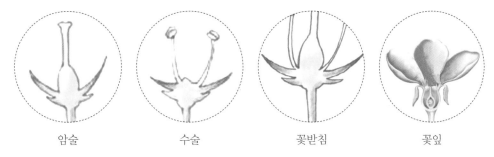

암술   수술   꽃받침   꽃잎

🐦 식물은 왜 꽃을 피울까?

대다수 식물은 꽃을 가장 아름답고 화려하게 만든다. 꽃가루받이 하기 위해 색과 향기, 꿀 등 다양한 방법으로 곤충을 유혹한다. 진짜 꽃보다 가짜 꽃을 화려하게 만드는 식물도 있다. 화려한 꽃을 찾아 다양한 놀이를 하고, 선조들이 천연 염색을 한 것처럼 자연물감으로 미술 활동을 하며 색에 대한 감수성을 높인다. 또 놀이를 통해 주변에 있는 꽃을 관찰하고, 호기심을 가지고 탐구하는 태도를 갖춘다.

05

누름꽃 만들기

 무엇을 배우나요?

꽃을 채집하고 말리는 과정에서 촉각과 시각으로 자연을 느끼고, 자연의 아름다움과 생명력을 미술 활동으로 표현한다.

 이렇게 준비해요

바구니, 돋보기나 루페, 필기도구, 신문지

이렇게 진행해요

① 산책할 때 비닐봉지나 바구니를 가져가 떨어질 것 같은 꽃을 채집한다.
② 돋보기나 루페로 관찰하면서 발견한 것을 그리거나 기록한다.
③ 꽃에 따라 씨방이나 수술 등을 떼고 손질한다.
④ 꽃을 신문지 사이에 끼우고 무거운 책으로 눌러 말린다. 신문지는 수분을 빨아들이는 데 도움이 된다.
⑤ 엽서나 액자, 책갈피 등을 꾸미거나 만드는 데 누름꽃(압화)을 쓴다.

참고하세요

꽃잎은 수분이 많고 얇아서 신문지에 붙거나 찢어지기 쉬우니 세심하게 작업한다. 난도에 따라 나뭇잎을 말리거나, 누름꽃 세트를 사서 사용한다.

- 꽃을 관찰할 때 생김새와 크기, 색을 보고, 향기를 맡고, 각 부위를 만지는 등 오감을 이용한다.
- 일주일에 한 번 신문지를 갈아주면 색이 변하지 않고 잘 마른다. 신문지 대신 습자지나 기름종이를 사용하면 꽃잎이 붙지 않고 잘 마른다.
- 꽃은 수분이 많은 아침보다 오후에 채집하면 더 잘 마른다.

06

꽃잎(나뭇잎) 드레스 만들기

 무엇을 배우나요?

자연물로 옷을 만들어 패션쇼를 하며 색에 대한 감수성을 높인다.

 이렇게 준비해요

옷 도안, 가위, 목공 풀, 막대, 줄

이렇게 진행해요

① 그림책《숲속 재봉사의 꽃잎 드레스》를 보여준다.
② 주변에 떨어진 꽃이나 나뭇잎으로 옷 도안을 꾸민다.
③ 꾸민 드레스를 가위로 오린다.
④ 꽃잎(나뭇잎) 드레스에 목공 풀로 막대를 붙이고 몸에 대보며 사진을 찍는다(드레스는 카메라 바로 앞, 사람은 좀 멀리 찍으면 드레스를 입은 것 같다).
⑤ 게시판에 줄을 달고 드레스를 빨래처럼 걸어서 전시한다.

참고하세요

누름꽃으로 드레스를 꾸며서 전시회를 하면 변형이 없어서 좋다. 누름꽃이 아니어도 풀칠해서 붙이기 때문에 모양은 변하지 않지만, 색감은 약간 변한다.

07

나만의 꽃 사전 만들기

 무엇을 배우나요?

책을 만드는 원리를 이해하고, 자연의 아름다움을 미술 활동으로 표현한다.

 이렇게 준비해요

식물도감, 8절 도화지, 필기도구

이렇게 진행해요

① 우리 학교에 있는 꽃으로 이름 맞히기 다섯 고개를 하며 꽃에 관심을 둔다.

② 주변의 산이나 들에서 볼 수 있는 들꽃 사진을 감상하며 이야기 나눈다.

③ 자신이 준비한 식물도감의 특징을 살펴본다.

④ 도화지를 미니 북처럼 접고, 마음에 드는 들꽃을 정해 표지를 꾸민다.

⑤ 나머지 면에 들꽃을 그리고 설명을 적는다.

⑥ 한쪽은 내 꽃을 정해 캐릭터를 그리고, 어울리는 별명을 지어 소개해도 된다.

⑦ 친구의 꽃 사전과 바꿔 감상한다.

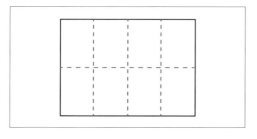

1. '아코디언 책'을 만드는 방법 4단계까지 따라한 다음 종이를 펼치면 8개 면이 생깁니다.

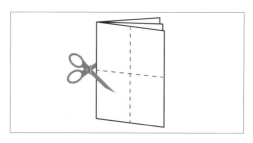

2. 종이를 세로로 2등분해서 반 접고, 접힌 쪽부터 중심선을 따라 한 면만 오리세요.

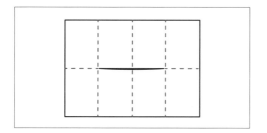

3. 종이를 펼치면 가운데 오린 선이 나타납니다.

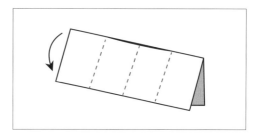

4. 종이를 가로로 2등분한 다음 아래로 내려 접으세요.

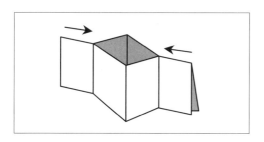

5. 손으로 양 끝을 잡고 중심점을 향해 밀어 넣으면 종이 가운데 부분에 공간이 생깁니다.

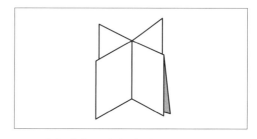

6. 종이가 십자 모양이 될 때까지 중심점을 향해 밀어주세요.

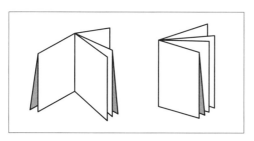

7. 나머지 종이를 한 방향으로 몰아서 책 모양이 되도록 접으세요.

08

봉숭아 꽃 네일 아트

 무엇을 배우나요?

자연물로 손톱에 천연 염색 놀이를 한다.

 이렇게 준비해요

봉숭아 잎과 꽃잎, 사발, 막자, 비닐장갑, 백반이나 소금, 실

이렇게 진행해요

① 봉숭아 꽃물 들이기에 얽힌 이야기를 들려
　준다.

② 봉숭아 꽃물 들이는 순서를 이야기한다.

　• 봉숭아 꽃물을 진하고 예쁘게 들이고 싶
　　으면 꽃잎보다 잎을 많이 사용한다.

　• 손톱을 제외한 손가락에 클렌징크림이
　　나 오일 등을 바르면 피부에 물들지 않
　　는다.

③ 봉숭아 꽃물 들이기

　• 봉숭아 잎과 꽃잎을 딴다.

　• 사발에 봉숭아 잎과 꽃잎을 넣고 막자로
　　찧다가 백반이나 소금을 넣고 더 곱게
　　찧는다.

　• 찧은 잎과 꽃잎을 손톱에 올리고 비닐장
　　갑을 잘라 끼운 다음 실로 묶어준다.

　• 일정 시간이 흐른 뒤 비닐을 풀고 꽃물
　　든 손톱을 자랑한다.

봉숭아 꽃으로 물을 들이는 이유

손톱에 들인 봉숭아 꽃물이 첫눈 올 때까지 남아 있으면 첫사랑이 이루어진다는 말이 있다. 왜 하필 봉숭아 꽃물일까?

색을 띠는 물질을 염료라 하고, 염료가 물건의 표면에 달라붙게 하는 것이 염색이다. 손톱에 봉숭아 꽃물 들이기는 일종의 천연 염색이다. 봉숭아 세포에는 주머니 모양으로 식물의 색소가 든 액포가 있고, 꽃과 잎, 줄기, 뿌리에는 주황색 색소가 들었다. 꽃잎과 잎, 줄기 등을 찧을 때 이 색소가 터지면서 나와 손톱을 물들이는 것이다. 봉숭아 꽃 색소는 다른 꽃에 비해 입자가 고와 손톱에 잘 스며들기도 한다. 이때 백반을 함께 넣는데, 백반이 꽃물에 색상이 잘 나오도록 도와주는 매염제 역할을 하기 때문이다.

봉숭아 꽃물 들이기 유래

고려 충선왕은 원나라에서 보낸 공주보다 다른 여자를 사랑한다는 이유로 당시 고려를 지배하던 원나라의 미움을 받았다. 충선왕은 결국 왕위를 내놓고, 원나라에 가서 살게 됐다. 왕이 어느 날 꿈을 꿨는데, 예쁜 소녀가 가야금을 타고 있었다. 소녀의 손에서는 피가 뚝뚝 떨어졌다. 꿈에서 깨어난 왕은 왠지 느낌이 좋지 않아 궁궐 안을 찬찬히 살피다가, 열 손가락에 하얀 천을 대고 실로 꽁꽁 동여맨 소녀를 발견했다.

"넌 어찌하여 손가락을 실로 동여매고 있느냐?"

소녀는 아무 대답을 하지 않았다. 왕이 다가가 소녀의 얼굴을 보니 시각장애인이었다.

"저는 충선왕을 섬기는 신하의 딸인데, 고려에서 강제로 끌려왔습니다."

소녀는 아버지가 관직에서 쫓겨났으며, 고국이 그리워도 못 가는 신세를 한탄하다가 눈이 멀었다고 이야기했다. 소녀 역시 슬픔을 이기지 못해 눈이 멀었는데, 아픈 마음을 달래기 위해 손톱에 봉선화 꽃물을 들였다고 떠듬떠듬 말했다.

소녀의 얘기를 들은 왕은 슬픔과 함께 큰 감명을 받아 눈물을 흘렸다. 소녀는 자기 때문에 화를 당한 신하의 딸이었다. 그 후 고려에 돌아온 충선왕은 갸륵한 소녀를 불러오려 했으나, 이미 죽은 뒤였다. 왕은 소녀를 기리는 뜻으로 궁에 봉선화를 심게 했다고 한다.

아낌없이 주는 나무

활동 목표	주변에서 쉽게 볼 수 있는 나무의 생리와 다양성을 이해하고, 나무를 소중히 여긴다.
시기	사계절
주요 활동	1. 나뭇가지로 놀기 2. 풀일까, 나무일까? 3. 무궁화 꽃이 피었습니~닭 4. 나무 식별하기 5. 나무가 만든 그림 6. 내가 만져본 나무를 찾아라 7. 살아 있음을 증명합니다 8. 바늘잎나무일까, 넓은잎나무일까? 9. 나무의 나이와 뿌리를 찾아서 10. 황사를 막아라 11. 숲을 지키는 나무

학년군	내용 요소	성취 기준
1~2	생태계 보호	[2바 02-02] 봄에 볼 수 있는 동식물을 소중히 여기고 보살핀다.
3~4	산림 교육 생태계 보호	[4과 05-02] 식물의 생김새와 생활 방식이 환경과 관련돼 있음을 설명한다. [4도 04-01] 생명의 소중함을 이해하고, 인간의 생명과 환경문제에 관심을 가지며 보호하는 태도를 갖춘다.
5~6	생명의 소중함 식물의 구조와 기능	[6과 05-03] 생태계 보전의 필요성을 인식하고, 생태계 보전을 위해 우리가 할 수 있는 일에 대해 토의한다. [6과 12-02] 식물의 구조를 관찰하고, 실험을 통해 뿌리와 줄기, 잎, 꽃의 구조와 기능을 설명한다.

나무는 예부터 인간과 많은 영향을 주고받으며, 숲을 구성하는 데 가장 큰 비중을 차지하는 생명체다. 나무가 지구에 주는 혜택은 엄청나다. 광합성에 따른 산소 제공, 주변 온도를 낮추는 작용, 소음 방지, 미세먼지 흡착, 환경오염이나 기후변화 등 환경문제에도 중요한 역할을 한다. 나무 한 그루에 찾아오는 동물이 50종이 넘고, 1년에 빗물 1890ℓ를 저장해 가뭄과 홍수를 예방하며, 가정에서 하루 20시간 가동하는 에어컨 효과가 있다고 한다. 심지어 도시에 숲이 10% 증가하면 범죄율이 12% 감소하고, 나무가 많은 지역은 나무가 없는 지역보다 기물 파손이나 쓰레기가 적다고 한다. 그야말로 아낌없이 주는 나무다.

그래서인지 과거에 숲은 우리가 이용하는 대상이었지만, 점차 생태적으로 관심을 둔다. 요즘은 금속에 비해 따뜻함을 느끼고 플라스틱의 유해 물질에서 벗어나기 위해 나무로 만든 장난감이 많이 나온다. 아이들은 자신이 깨닫지 못하는 사이에 나무를 통해 자연의 편안함을 느끼고, 생명의 가치를 생각한다. 주변에 흔한 나무를 관찰하고 놀면서 나무를 소중히 여기는 마음을 가지도록 구성했다.

01

나뭇가지로 놀기

 무엇을 배우나요?

나뭇가지를 이용한 놀이로 나무와 친해진다.

 이렇게 준비해요

나무 막대, 굵기가 일정한 나뭇가지 30~40개, 옷

 이렇게 진행해요

나무 막대를 이용한 놀이로 몸풀기

① 다 같이 둘러선다.

② 나무 막대를 땅에 세워 잡고 있다가 제자리에서 한 번, 두 번, 세 번… 손뼉 치고 잡는다.

③ 이번에는 가지고 있던 막대를 두고 왼쪽으로 한 칸씩 이동해서 옆 사람이 가지고 있던 막대를 잡는다.

④ 막대를 놓친 사람은 빠진다.

※ 막대를 잡기 위해 자기가 가지고 있던 막대를 던지듯이 이동하지 말고 옆 사람을 배려하면서 놀이하도록 지도한다.

산가지 놀이

산가지 따기

① 산가지를 도−개−걸−윷−모 순서대로 늘어놓는다.

② 윷을 던져 해당하는 산가지를 가져간다. 해당하는 산가지가 없으면 앞서 딴 산가지를 줘야 한다. 가지고 있는 산가지가 없다면 빚지게 된다.

높이 쌓기

나뭇가지를 '우물 정(井)' 자 모양으로 쌓아 올린다. 탑이 무너지면 진다.

떼어내기

① 두 모둠으로 나눈다.

② 한 손에 산가지를 한 줌 쥐고 바닥에 세운 다음, 다른 손으로 산가지 한 개를 집어 한 줌 움켜쥔 산가지 중 하나를 눌러 세운다.

③ 움켜쥔 손을 놓아 산가지가 흩어지게 하고, 다른 손에 있던 산가지 하나를 가지고 떼어 낸다.

④ 다른 산가지를 건드리면 무효, 그렇지 않으면 그 산가지를 가져간다. 성공하면 계속하고, 실패하면 다음 모둠 사람이 한다.

⑤ 다음 순서가 남은 산가지를 가지고 ②의 방법으로 다시 시작한다. 바닥에 산가지가 없어질 때까지 계속한다. 산가지를 많이 가져온 모둠이 이긴다.

나뭇가지로 만든 그림

나뭇가지와 주변의 자연물을 이용해 그림을 만든다.

🍄 **참고하세요**

시중에서 파는 산가지는 나무젓가락과 비슷하다. 일회용 나무젓가락은 표백제, 곰팡이 제거제 등 약품을 뿌리기 때문에 환경과 건강에 좋지 않다. 자연에서 분해되는 데도 20년 이상 걸린다고 한다.

관상용으로 기르는 나무는 대부분 가지치기한다. 학교 숲도 해마다 가지치기하는데, 이때 나뭇가지를 모아두면 좋다. 버려지는 나뭇가지를 활용해 나무가 우리에게 주는 도움도 생각해볼 수 있다.

02

풀일까, 나무일까?

 무엇을 배우나요?

풀과 나무가 살아가는 특징을 알고, 풀과 나무를 구분하는 법을 배운다.

 이렇게 준비해요

마스킹 테이프나 줄

이렇게 진행해요

① '소나무를 좋아하는 ○○, 소나무를 좋아하는 ○○ 옆에 잣나무를 좋아하는 ○○' 식으로 덧붙이며 좋아하는 나무와 자기를 소개한다.
② 풀과 나무의 특징에 관해 이야기 나눈다.
③ 마스킹 테이프나 줄로 경계선을 표시한다.
④ 선생님이 말하는 식물이 풀이라고 생각하면 왼쪽으로, 나무라고 생각하면 오른쪽으로 간다. 틀린 곳으로 간 어린이는 자리로 들어간다.

참고하세요

'풀일까, 나무일까?' 예시

강아지풀. 친구들 센스쟁이, 눈치가 아주 빨라요. 이름에 풀이 붙었으니 풀이겠지요? 느티나무. 역시 나무겠지요? 그럼 이번에는 풀과 나무를 넣지 않고 이름을 소개할게요. 은행(나무), 민들레, 단풍(나무), 해바라기, 질경이, 목련(나무), 개망초. 식물 이름 뒤에 붙는 '초'는 한자로 풀 초(草)입니다. 그래서 풀!

진달래. 키가 작아서 풀이라고 생각할 수 있지만, 겨울에도 줄기가 죽지 않고 자라니까 나무입니다. 철쭉(나무), 장미(나무), 도라지, 냉이. 도라지와 냉이는 나물로 먹지요? 아직 탈락하지 않은 친구가 많네요. 이번에는 어려운 문제입니다. 담쟁이덩굴. 풀처럼 보이지만, 겨울에도 줄기가 살아 있으니까 나무예요.

대나무. 대나무는 사실 나무가 아니에요. 나무는 부피가 커져야 하는데, 부피가 커지려면 나이테가 필요합니다. 대나무는 벼나 억새처럼 속이 비어서 나이테가 없어요.

풀과 나무의 차이

풀	나무
• 겨울에 지상부가 얼어 죽고, 부피 생장을 하지 않는다. • 씨나 뿌리로 겨울을 나고, 땅 밑에서 잎이 새로 나오거나 꽃대가 올라온다. • 에너지를 대부분 꽃과 열매를 맺는 데 사용한다. • 겨울눈이 없다.	• 겨울에 지상부가 살아남아 키가 크고, 부피 생장을 한다. • 봄에 지상부가 있는 상태에서 꽃과 잎이 나온다. • 자신을 유지하는 데 많은 에너지를 사용한다. • 장차 꽃과 잎, 줄기가 될 겨울눈이 있다.

풀은 겨울을 넘기면서 줄기까지 사라지는 식물이다. 풀이 사는 기간에 따라 한해살이, 두해살이, 여러해살이로 나눈다. 봄에 태어나 가을에 죽는 식물을 한해살이라고 한다. 늦가을에 싹이 올라와 겨울을 견디고 봄에 꽃을 피우는 풀은 두해살이다. 여러해살이는 도라지, 감국, 할미꽃, 복수초처럼 여러 해를 산다.

풀이 겨울을 나는 대표적인 방법

① 로제트 식물 : 3장 '꽃동산에 봄이 왔어요'에서 '나는 로제트 식물이야'(46쪽) 참고.
② 브론즈화 현상 : 식물이 강한 자외선에서 자신을 보호하려고 새싹을 붉은색으로 보이게 하는 현상이다. 엽록소는 자외선을 받으면 암적색 형광물질을 내뿜어서 붉게 보인다.

03

무궁화 꽃이 피었습니~닭

 무엇을 배우나요?

생태계를 구성하는 동물과 식물의 다른 점을 알고 놀이에 참여한다.

이렇게 진행해요

① 동물과 식물의 다른 점에 관해 이야기 나눈다.
② 진행 방식은 '무궁화 꽃이 피었습니다'와 같으나, 마지막 단어를 식물이나 동물 이름으로 한다. 술래가 앞을 보고 서도 되고, "무궁화 꽃이 피었습니~"라고 말할 때는 가만히 있다가 마지막 단어에서 이동한다.
③ 마지막 단어에 닭을 넣어 "무궁화 꽃이 피었습니~닭"이라고 하면 모두 제자리에서 닭의 울음소리나 특징을 흉내 내며 이동한다.
④ 마지막 단어가 식물이면 움직이지 않는다. 동물일 경우 술래는 마지막 단어를 원하는 시간만큼 외치다가 멈추면 동작도 멈춘다.
⑤ 술래에게 잡히면 술래 손을 잡고 선다. 살아남은 마지막 사람이 술래와 잡은 손을 건드리면 모두 도망가고, 술래는 도망가는 사람을 잡는다. 이때 잡힌 사람은 술래가 된다. 중간에 선생님이 술래가 되어 마지막 단어를 소~(움직임)나무(멈춤), 개~망초, 매~화나무, 오리~나무, 앵~도나무, 앵무새, 고~마리, 고양이 등을 부르면 술래를 쉽게 바꿀 수 있고 더욱 즐겁게 참여한다.

참고하세요

동물과 식물은 지구상의 생물을 구분하는 가장 큰 분류 방법이다. 동물과 식물은 유사한 점이 있는가 하면, 매우 다르게 발달해왔다. 어떤 방법으로든 다른 생물을 섭취하지 않으면 존재할 수 없는 동물(타가영양, 종속영양)과 스스로 영양분을 만드는 식물(독립영양)은 생활 방식이 다르다. 동물은 스스로 움직일 수 있으나, 식물은 처음 난 자리에서 평생 살아가고 빛이 있을 때 광합성을 한다.

04

나무 식별하기

 무엇을 배우나요?

놀이하고 분류하며 집중력과 관찰력을 기르고, 자연스럽게 나무의 종류를 알아간다.

 이렇게 준비해요

나뭇잎, 꽃, 열매, 자연물(열매·씨앗, 나뭇잎, 봄꽃) 카드, 보자기

이렇게 진행해요

① 주변에서 나뭇잎과 꽃, 열매(씨) 등을 7~10종류 수집한다. 실내에서는 자연물 카드로 대신한다.

② 두 모둠으로 나눠 모둠원에게 각자 번호를 부여한다.

③ 마주 선 두 모둠의 중앙에 수집한 자연물을 놓는다.

④ 선생님이 "찾을 나무는 단풍나무입니다. 번호는 3번"이라고 하면 두 모둠의 3번이 뛰어나와 단풍잎을 가지고 자기 자리로 돌아간다(어린이들이 나무에 대해 잘 모르면 자연물 카드를 보여준다).

⑤ 먼저 발견한 모둠에게 2점을 주고, 틀리면 2점을 감점한다. 가끔 없는 번호를 불러도 재미있다.

⑥ 놀이가 끝나고 보자기에 잎, 열매, 꽃 등으로 자연물을 분류한다.

참고하세요

가능한 한 자연물을 오감으로 관찰하는 기회를 제공하는 것이 좋다. 자연물 카드는 계절에 따라 나뭇잎, 꽃, 열매 등을 수집하기 어려울 때 사용한다.

✪ 부록 319 · 321 · 323 · 325쪽에 열매 · 씨앗 카드가 있습니다.

05

나무가 만든 그림

 무엇을 배우나요?

시각으로 나무마다 껍질이 다른 것을 알고, 껍질 무늬를 보고 상상력을 발휘한다.

 이렇게 준비해요

눈알 스티커

 이렇게 진행해요

① 나무껍질에 상처가 난 부분이나 가지치기한 흔적을 찾아 눈알 스티커를 붙이고, 동물이나 사람 얼굴을 꾸민다.
② 나무껍질 무늬에서 떠오르는 그림을 찾아보거나 사진을 찍어둔다.
③ 오래된 나무 밑에 떨어진 껍질을 주워 꾸민다.
④ 자기 작품에 이름을 붙이고 그 이유를 설명한다.

 참고하세요

나뭇잎, 꽃이나 열매, 전체적인 모양, 겨울눈, 껍질 등으로 나무를 식별할 수 있다. 사자바위, 촛대바위, 얼굴바위, 코끼리바위, 용머리바위 등 독특한 바위 모양을 보고 이름을 붙여준 것처럼 나무의 흔적이나 무늬를 보고 떠오르는 그림을 찾으면서 관찰력을 기른다. 나무이름은 몰라도 나무마다 껍질 모양이 다르다는 사실을 아는 것만으로 충분한 교육이 된다. 나무껍질은 다양한 모양과 색깔로 자신을 나타내기 때문에 상상력을 동원해 이름을 붙이는 과정에서 나무에 관심이 생기고 창의성이 풍부해진다.

껍질눈

나무줄기는 껍질눈으로 산소와 이산화탄소를 교환한다. 공변세포를 통해 대기와 세포의 가스를 교환하고, 식물에서 수분이 증발하는 주요 통로 역할을 한다. 껍질눈은 어린 가지나 느티나무, 벚나무 줄기에서 뚜렷이 드러나며, 원형이나 타원형, 길쭉한 모습으로 다른 부분보다 솟아 육안으로 관찰된다. 나무껍질을 관찰할 때는 돋보기나 스마트폰을 사용하면 좋다.

06

내가 만져본 나무를 찾아라

 무엇을 배우나요?

촉각과 후각으로 나무마다 껍질이 다른 것을 알고, 친구들과 협력해 놀이에 참여한다.

 이렇게 준비해요

눈가리개

 이렇게 진행해요

① 모둠원을 여섯 명 정도로 구성하고, 머리를 정한다.
② 머리는 맨 앞에 서고, 다른 모둠원은 몸통이 되어 눈을 가린다. 앞사람 어깨를 양손으로 잡고 머리가 이끄는 대로 숲속을 산책한다.
③ 머리가 "바로 여기!"라고 외치면 눈을 가린 모둠원은 나무껍질, 나뭇잎 등을 만져보고, 냄새도 맡으며 그 나무의 특징을 기억한다.
④ 출발지로 돌아와 눈가리개를 벗고, 주변에서 자신이 만진 나무를 찾아본다.
⑤ 역할을 바꿔서 하고, 나무껍질을 만져본 느낌을 이야기 나눈다.
- 내가 만져본 나무를 어떻게 찾을 수 있었나?
- 내가 만져본 나무껍질의 느낌은?
- 눈으로 본 나무와 손으로 만져본 나무는 어떻게 다른가?

 참고하세요

눈으로 관찰할 때보다 촉각과 후각으로 탐색할 때 집중하고, 나무의 특징을 잘 알 수 있다. 나무를 탐색한 뒤에 껍질의 느낌, 손으로 만질 때와 눈으로 볼 때의 껍질에 관해 이야기 나눠 나무마다 줄기 색깔과 모양, 껍질 두께가 다른 것을 깨닫는다. 나무껍질 안쪽의 죽은 부름켜(형성층)는 나이테가 되고, 바깥 부름켜는 껍질이 되어 수분이 빠지며 쪼그라들어 갈라진다.

07

살아 있음을 증명합니다

 무엇을 배우나요?

나무를 관찰하며 나무의 생리와 생존 전략을 알아보고, 살아 있는 나무를 소중히 여긴다.

 이렇게 준비해요

청진기, 비닐봉지, 끈, 그릇

 이렇게 진행해요

봄 : 나무의 심장 소리 듣기

① 모둠원을 네 명으로 구성하고 청진기를 하나씩 나눠준 다음 사용법을 설명한다.

② 모둠끼리 나무 한 그루를 정하고 다가가 청진기로 나무 소리를 들어본다.

③ 한 사람이 청진기를 나무에 대주면 다른 사람은 눈을 감고 집중해 소리를 듣는다.

④ 사람마다 청각 기능이 다르지만, 약 10초간 집중하면 물이 이동하는 소리가 들린다.

⑤ 역할을 바꿔 소리를 들어보고, 각각 무슨 소리를 들었는지 이야기한다.

⑥ 다른 나무로 옮겨가며 다양한 나무의 소리를 들어본다.

- 나무의 소리는 어디서 날까?
- 나무는 뿌리에서 맨 위까지 물을 어떻게 이동시킬까?
- 물은 나무의 어느 곳으로 이동하고, 양분은 어디로 이동할까?

여름 : 나무도 숨을 쉬어요

① 온도가 높고 햇빛이 강해 광합성이 일어나기 좋은 날 두 가지 방법으로 실험한다.

② 나뭇잎을 한 장 떼어 물속에 넣고, 매달린 나뭇잎에는 비닐봉지를 씌우고 공기가 통하지 않도록 끈으로 묶는다.

③ 한두 시간 다른 놀이를 한 뒤 나뭇잎에 어떤 변화가 있는지 관찰한다.

④ 물에 담긴 나뭇잎 뒷면에 기포가, 비닐봉지 안에 물방울이 맺혔다. 왜 이런 현상이 일어났을까 이야기 나눈다.

나무가 숨 쉬는 원리

물속에 넣은 나뭇잎 뒷면에 기포가, 매달린 나뭇잎에 씌운 비닐봉지에 물방울이 맺힌 것을 볼 수 있다. 식물은 광합성으로 양분을 만들고, 이 과정에서 산소와 물을 내보낸다. 비닐봉지에 맺힌 물방울을 보면 잎에서 광합성이 일어나는 것을 확인할 수 있다. 숲이 다른 곳보다 습기가 많은 것도 이 때문이다. 나무가 살아 숨 쉬는 것을 체험한 어린이는 나무를 심는 사람으로 자랄 것이다.

나무에서 물이 이동하는 원리

빛이 많아지는 봄이 오면 나무는 광합성을 하기 위해 분주해진다. 광합성은 식물이 빛을 이용해 양분을 만드는 과정으로, 물과 이산화탄소를 재료로 포도당과 산소를 생성한다. 봄이 되면 나무가 땅속에서 물을 얻는 소리를 들을 수 있다. 특히 비가 온 다음 날, 오전에, 바늘잎나무보다 넓은잎나무, 껍질이 얇은 나무가 잘 들린다. 껍질이 얇은 넓은잎나무는 목련, 벚나무, 자작나무, 단풍나무 등이 있다. 청진기가 없으면 나무에 귀를 대고 들어도 된다.

나무에서 물의 이동은 빨대의 원리와 같다. 삼투현상으로 땅속에 있는 물이 나무뿌리로 이동하면 뿌리압이 높아진다. 물은 뿌리압으로 줄기를 타고 서서히 위쪽으로 이동한다. 뿌리압은 수종과 계절에 따라 다양하지만, 수 m까지 물을 밀어 올릴 수 있다고 한다. 물은 뿌리-나무줄기-가지-잎으로 이동하고, 잎에서 증산작용이 일어나 공기 중으로 나간다. 양분은 광합성으로 포도당이 엽록체에서 녹말로 바뀌어 잎에 저장되고, 밤이면 물에 녹는 당분으로 바뀌어 식물의 각 기관으로 이동한다.

08

바늘잎나무일까, 넓은잎나무일까?

 무엇을 배우나요?

나무에서 잎의 중요성과 생존 전략을 이해하고, 바늘잎나무와 넓은잎나무의 특징을 안다.

 이렇게 준비해요

흰 천

 이렇게 진행해요

① '우리 집에 왜 왔니' 놀이와 같은 방법이다. '꽃 찾으러 왔단다' 대신 '나무 찾으러 왔단다'
  로 바꿔 부른다. 가위바위보 해서 이긴 모둠이 넓은잎나무는 한 명, 소나무 두 명, 리기
  다소나무 세 명, 잣나무 다섯 명으로 잎집 하나에 든 숫자만큼 데려온다.

② 바늘잎나무 모둠과 넓은잎나무 모둠으로 나눈다.
③ 두 모둠에 각각 바늘잎나무(바늘잎나무 잎, 가지, 열매)와 넓은잎나무(넓은잎나무 잎, 가
  지, 열매)를 관찰하면서 바닥에 떨어진 것을 찾아 가져오게 한다.
④ 가져온 것으로 흰 천에 관찰한 나무를 표현하게 한다.
  • 바늘잎나무와 넓은잎나무에서 떨어진 것은 어떻게 다른가?

바늘잎나무는 잎이 바늘처럼 가늘고 길고 뾰족하며, 씨앗이 겉에 드러나는 겉씨식물이다. 바늘잎나무는 춥고 건조한 기후에서 잘 사는데, 이곳에 적응하기 위해 땀구멍이 거의 없도록 잎의 크기를 줄였다.

넓은잎나무는 잎이 평평하고 넓으며, 밑씨가 씨방에 싸인 속씨식물이다. 겨울이나 건기에 해마다 잎을 떨구는 넓은잎나무와 떨구지 않는 늘푸른넓은잎나무가 있다. 넓은잎나무는 증산작용이 매우 활발하다. 증산작용은 식물이 동물처럼 땀을 흘리고 소변을 보는 것과 비슷하다.

바늘잎나무 가운데 우리나라에 흔한 소나무과는 소나무, 잣나무, 전나무, 가문비나무, 구상나무, 잎갈나무 등이 있다. 솔방울처럼 생긴 열매가 달린다. 소나무과는 늘푸른나무인데, 한번 나온 잎이 계속 달려 있는 게 아니다. 1~2년 전에 자란 잎은 떨어지고 새로운 잎이 겨울을 나기 때문에 사철 푸르게 보인다. 소나무과는 줄기만 보고도 나이를 알 수 있다. 해마다 곁눈이 돌려 자라기 때문에 돌려난 가지 층만 세어 내려와서 맨 마지막 어린나무 시기인 4년을 더하면 된다.

09

나무의 나이와 뿌리를 찾아서

 무엇을 배우나요?

나이테가 생기는 과정과 나무 모양에 따른 뿌리 만들기를 체험하고, 눈에 보이지 않는 나이테와 뿌리에 대해 감각적으로 안다.

 이렇게 진행해요

나무의 나이 짐작하기

① 학교 주변에 그루터기가 있다면 나이테를 직접 세어보고, 없다면 시중에서 나이테 조각을 구입해 세어본다. 나무가 가늘어도 나이는 많을 수 있음을 안다.

② 소나무와 잣나무, 전나무 등 바늘잎나무는 대부분 1년에 한 번 자란다. 이처럼 고정 생장하는 나무는 줄기 마디를 세어 나무의 나이를 파악한다.

- 사진처럼 가지 마디와 가지 마디의 흔적을 센다.
- 나뭇가지 끝부분부터 원줄기에 닿는 곳까지 마디를 세어본다.
- 가지 마디나 가지 마디의 흔적이 보이지 않을 때 평균치로 계산해서 판단한다(밑의 가지는 위에서 양분을 많이 흡수하기 위해 전략상 죽는다).

③ 느티나무와 벚나무 등 넓은잎나무는 1년에 두 번 자라는 자유 생장을 한다.

- 나이테를 보지 않으면 나이를 가늠하기 어렵다.
- 봄에 만든 잎과 여름에 만든 잎은 초록색의 밝기로 구별할 수 있다.

  춘엽 : 진한 초록색으로 나온 지 오래된 잎.

  하엽 : 연한 초록색으로 나온 지 얼마 안 된 잎.

 열대지방에서 자라는 나무도 나이테가 있을까?

겨울이 추운 지역에서 자라는 나무는 나이테가 확실하게 나타나지만, 1년 내내 성장하는 열대지방의 나무는 나이테가 생기지 않는다. 가끔 건기와 우기가 있는 지역에서는 나이테 비슷한 테두리가 보이지만, 나이테는 아니다.

여름에 자란 줄기 ——

봄에 자란 줄기

하엽 —

춘엽

※ 봄에 나온 잎을 춘엽, 여름에 나온 잎을 하엽이라고 한다. 느티나무와 벚나무 등 넓은잎
나무는 지난해 생긴 겨울눈 속의 엽원기가 봄에 싹이 트면서 자라 춘엽을 내고, 이어서
올해 엽원기가 여름 내내 하엽을 내면서 같은 가지에 두 가지 잎이 달린 가지가 자란다.

나무뿌리는 어떤 모습일까?

① 바늘잎나무와 넓은잎나무 모둠으로 나눠 땅에 떨어진 나뭇가지를 줍는다.

② 바늘잎나무와 넓은잎나무 밑에 주운 나뭇가지로 그 나무와 똑같이 생긴 나무를 꾸민다. 이때 나무를 보고 나뭇가지가 뻗은 대로 따라 한다.

③ 나뭇가지로 만든 뿌리와 실제 나무의 모습을 비교해본다.

🕊 식물의 숨은 반쪽

뿌리는 흡수 · 저장 · 지지 · 호흡 기능을 한다. 나무가 물에 그림자를 드리울 때, 물속의 나무 그림자가 뿌리에 해당한다. 그래서 '식물의 뿌리는 숨은 반쪽'이라 불린다. 나무가 물을 찾아 깊이 혹은 수평으로 뻗어가는 것은 뿌리골무가 있기 때문이다. 뿌리골무는 뿌리 끝의 생장점을 보호하고 마르지 않게 하며, 타감작용과 윤활유 역할, 물 흡수에 도움을 주고 중력을 감지해 뿌리가 아래로 자라도록 유도한다. 나뭇가지가 뻗은 만큼 땅속에서도 뿌리가 자라고 있다.

넓은잎나무 뿌리 만들기

바늘잎나무 뿌리 만들기

나무는 봄부터 여름까지 자라는 속도가 가을에서 겨울을 지나는 동안 자라는 속도보다 훨씬 빠르다. 이렇게 자라는 시기에 따라 생기는 세포의 크기와 형태, 색깔이 다른데 이것이 나이테를 구성하는 춘재와 추재의 형성 원리가 된다. 춘재는 봄과 여름에 생기는 세포질로, 세포가 크고 세포막은 얇아 색이 연하다. 추재는 가을과 겨울에 생긴 세포질로, 세포가 작고 세포막은 두껍고 견고해 치밀한 조직과 진한 색이 특징이다. 춘재와 추재는 나무 중심에서 동심원 형태로 번갈아 나타난다. 춘재와 추재 한 쌍이 나이테이므로, 나이테는 진한 줄이나 연한 줄 가운데 하나를 센다.

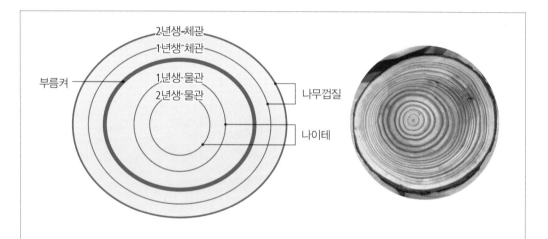

① 나무겉껍질(외수피) : 나무껍질 맨 바깥쪽에 죽은 부분으로, 종에 따라 조직과 색, 두께가 달라 나무를 식별하는 데 도움을 준다.
② 나무속껍질(내수피) : 체관부가 노화하거나 죽으면 나무껍질이 된다.
③ 체관부 : 나무껍질 바로 안쪽에 있는 조직으로, 잎에서 만든 양분이 이동하는 통로다.
④ 부름켜 : 체관과 물관 사이를 말한다. 바깥쪽 체관부와 안쪽 변재를 동시에 자라게 해서 부피 생장을 한다. 부름켜가 벗겨지면 나무가 죽는다.
⑤ 변재 : 기능적 물관부. 뿌리에서 빨아올린 물과 무기염류가 이동하는 통로로 비교적 최근에 생겼으며, 대체로 색이 연하다.
⑥ 심재 : 줄기의 중심에 있고, 단단해서 물이 올라오지 않는 헛물관. 나무가 나이 들면서 타닌, 색소, 송진, 고무 등을 축적해 색이 어둡다. 나무를 지탱하는 역할을 한다.

10

황사를 막아라

나무 종류가 다양하고 건강한 숲이 황사를 막는 것을 안다.

 이렇게 진행해요

① 나무가 될 두세 명을 정하고, 나머지는 황사가 된다.

② 땅에 다음과 같이 그리고, 나무는 수비 땅에 한 명씩 선다. 나머지는 황사가 되어 출발점
   (중국)에 선다.

| 한국 |
| 수비 땅 |
| 20cm 정도 거리 |
| 수비 땅 |
| 출발점(중국) |

③ "바람이 불어온다"는 신호와 함께 황사는 바람 소리를 내며 나무를 향해 달려가다가 나
   무에 닿지 않고 수비 땅을 넘는다.

④ 나무는 수비 땅에서 움직이며 지나가는 황사를 친다. 황사는 나무에 몸이 닿으면 나무가
   된다.

⑤ 황사가 수비 땅을 지나 한국을 돌아 중국으로 오면 다시 황사가 되어 출발할 수 있다.

⑥ 나무가 늘어나면 나무를 통과하는 황사 숫자가 줄어든다.

참고하세요

'삼팔선 놀이'를 응용한 놀이다. 나무와 숲을 풍성하게 가꾸고 지키는 일은 황사의 이동을 막
는 가장 효과적인 방법이다. 잎과 가지, 줄기에 대기 중의 먼지 알갱이가 흡착되고, 이 먼지
알갱이는 빗물과 함께 땅으로 흘러든다.

11

숲을 지키는 나무

 무엇을 배우나요?

숲이 우리 생활에 주는 이로움을 알고, 생태계를 보호하는 마음을 갖는다.

 이렇게 진행해요

숲숲 숲대문을 열어라

① '동대문을 열어라' 노랫말을 바꿔 숲대문으로 들어갈 거라고 말한다.

　　숲숲 숲대문을 열어라(헤이) / 나나 나무를 심어라(헤이) / 나무를 심으면 숲이 넓어진다

② 노래가 끝날 때 문을 통과하지 못한 사람은 같이 손잡고 문을 만든다. 두 명이 손잡고 있다가 한 명이 잡히면 세 명이 손잡은 원이 된다.

③ 통과하다 모두 잡혀 커다란 원이 될 때까지 한다. 한두 명이 남으면 원 안으로 들어가 원을 만든 친구들과 함께 파이팅을 외친다(문이 넓으면 나갈 수 있는 문이 많고 움직임이 자유로운 것처럼 숲이 넓으면 여러 생물이 살길이 다양해지는 것과 같은 의미임을 알려준다).

사냥꾼이다

① 다람쥐, 까치, 청설모 등 숲에 사는 동물이라고 생각하고 나무에 이들이 사는 집을 끈이나 색 테이프로 표시한다. 이때 인원보다 하나 적게 표시한다.

② 사냥꾼 한 명을 정하고, 나머지는 표시한 나무를 끌어안고 기다린다.

③ 사냥꾼이 "사냥꾼이다" 하면서 잡으러 가면 다른 나무로 이동한다.

④ 나무(집)를 찾지 못하면 사냥꾼에게 잡히고 사냥꾼이 된다.

⑤ 나무를 두 개 더 적게 표시하고, 사냥꾼은 두 명이 되어 계속한다.

크낙새를 살리자

① 매와 나무꾼 한 명씩, 크낙새는 나무의 4분의 1 정도로 뽑고 나머지는 나무가 된다.

② 나무는 모였다 흩어졌다 할 수 있다. 크낙새도 옮겨 다닐 수 있다.

③ 나무가 둘 이상 모이면 크낙새는 나무에 붙어살 수 있다. 나무에 붙어 있지 않은 크낙새는 매에게 공격당할 수 있다. 잡힌 크낙새는 매가 된다.

④ 혼자 있는 나무나 크낙새 없이 둘이 모인 나무는 나무꾼이 벨 수 있다.

⑤ 나무꾼에게 베인 나무는 제자리에 앉는다. 나무에 붙은 크낙새를 강제로 잡아채거나 떼어내지 못한다.

⑥ 나무가 모두 베여 사라지거나 매가 많아지면 크낙새도 살 수 없다.

⑦ 놀이한 뒤 다음과 같은 주제로 이야기 나눈다.

- 나무를 안았을 때의 느낌은?
- 나무가 우리에게 주는 도움
- 숲에 나무가 줄어들면 어떻게 될까?
- 왜 생태계를 보호해야 할까?

사냥꾼이나 나무꾼이 많아지면 동식물이 줄어든다. 나무가 줄면 동물의 서식지가 줄어 살기 힘들고, 나아가 사람도 살기 힘들다. 우리가 생태계를 보호해야 하는 이유다. 나무가 크게 자라기까지 오랜 시간이 필요하고, 큰 나무에는 무수한 생명이 깃들어 산다. 특히 크낙새는 울창한 숲, 100~300년 된 고목에 구멍을 뚫고 둥지를 튼다. 크낙새가 희귀한 새가 된 것은 산림 파괴로 서식지가 줄었기 때문이다.

숲이 주는 이로움

숲은 많은 생물이 살아가는 안정적이고 완벽한 공간이다. 숲을 잘 관리하면 온난화, 초미세먼지, 물 부족 등이 해결된다. 삼림욕은 숲속에서 맑은 공기를 들이마시며 적당한 운동을 하거나, 산책하며 몸의 건강과 마음의 휴식을 얻는 것이다. 숲은 대도시에 비해 공기가 맑고, 피를 깨끗하게 하는 음이온을 많이 내보낸다. 병균을 죽여 공기를 깨끗하게 하는 피톤치드와 식물 조직에 들어 있는 테르펜이 방향 작용도 한다. 테르펜은 숲속을 걷는 사람들의 자율신경을 자극해 정신 안정과 집중력 향상 등 뇌 건강에 좋다. 테르펜은 동물의 스트레스와 관련된 코르티솔의 농도를 현저히 낮추는 효과가 있는 것으로 알려졌다.

수령이 많은 편백, 측백나무, 소나무, 잣나무 등 바늘잎나무 숲에서 테르펜이 많이 방출된다. 나무가 이산화탄소를 흡수하는 양은 1ha당 6.8t(승용차 3대분)으로, 수령 50~60년 된 나무가 이산화탄소 흡수량이 가장 많다. 숲은 기후조절 기능을 해 여름에 시원하고 겨울에 온화하다. 숲속에 동물이 많이 사는 것도 온도 변화가 크지 않기 때문이다.

숲의 토양은 녹색 댐 역할을 해 산사태를 막고, 홍수나 가뭄의 발생을 완화한다. 숲이 머금은 물의 온도가 높아지면 수분을 많이 배출하고, 온도가 낮아지면 적게 배출해 스스로 수위를 조절한다. 토양이 잘 발달한 숲은 1ha당 물을 약 200ℓ 저장한다고 한다. 외부의 도움이나 간섭 없이 에너지를 자급자족하고 비옥하게 발달·유지하는 속성이다. 여름에는 토양 속의 물이 팽창해 외부로 증발하는 속도가 빨라지고 계곡으로 흘러나오며, 외부 기온이 낮고 대기 중 습도가 높은 날 많은 양을 머금는다.

생활에 필요한 물건을 여러 가지 만드는 데도 도움이 된다. 나무는 가구와 공책, 집, 악기 등을 만드는 재료가 되고, 식물 중에는 사람이 먹고, 냄새나 약에 이용하는 것도 있다.

나무 다섯 고개

1. 연필을 만드는 데 많이 쓰며, 조각이나 가구, 장식 등에 재료로 사용한다.
2. 7~8년생부터 비늘같이 부드러운 잎이 달리지만, 어린잎에 날카로운 침이 있다.
3. 한국, 일본, 중국, 몽골 등에 분포한다.
4. '향이 나는 나무'라고 붙은 이름이며, 죽은 나무 향이 더 강하다.
5. 정원에서 흔히 보는 나무는 일본산으로 가이즈카○나무다.

나는 누구일까요?

정답 향나무

---

1. 꽃 한 송이의 수명은 하루지만, 곁가지에서 꽃눈을 만들어 계속 피어난다.
2. 종류는 200가지가 넘는다.
3. 진딧물이 많이 모여들지만, 나날이 새롭게 피어 외국 세력이 끊임없이 침략해온 우리나라와 닮았다.
4. 일제가 '하루도 못 가는 꽃'이라고 비하하며 벚나무로 바꿔 심게 했다.
5. 독립운동가들이 나라를 상징하는 꽃으로 사용해 우리나라 꽃이 됐다.

나는 누구일까요?

정답 무궁화

---

1. 암나무와 수나무가 따로 있으며, 공룡시대부터 살아온 '화석 나무'라고 한다.
2. 열매에서 역겨운 냄새가 나 동물이 싫어하고, 약에 쓰인다. 번식하기 위해 주로 민가에서 산다.
3. 우리나라 양평 용문사에 수령이 1100년 정도 된 나무가 있다.
4. 이름은 은빛 나는 살구씨와 닮았다는 데서 유래했다.
5. 부채 모양 잎이 노란색으로 물든다.

나는 누구일까요?

정답 은행나무

---

1. 보통 나무에 비해 빨리 자라는 나무로, 다 자라면 높이 20~35m, 지름 약 3m에 이른다. 회갈색 나무껍질이 비늘처럼 갈라진다.
2. 꽃은 주로 5월에 핀다. 일그러진 원 모양 열매가 10월쯤 익는다.
3. 잎은 어긋나고 타원형이나 달걀꼴이며, 가장자리에 톱니가 있다.
4. 가지가 사방으로 고르게 퍼져서 위에서 보면 나무가 둥글고, 잎이 무성해서 넓은 그늘을 만들기 때문에 정자나무로 많이 심었다.
5. 우리나라 사람들에게 친근한 나무라 마을이나 학교에 많이 심었다.

나는 누구일까요?

정답 느티나무

---

1. 5월에 꽃이 피지만, 화려하지 않아서 꽃으로 생각하지 않는 사람이 많다.
2. 수꽃이삭은 새 가지 밑에, 암꽃이삭은 새 가지 끝에 달린다.
3. 영하로 떨어지는 추운 곳에서 잘 자란다.
4. 소나무과에 속하며, 잎이 다섯 개씩 뭉쳐난다.
5. 새나 청설모, 다람쥐가 좋아하는 잣이 열리는 나무다.

나는 누구일까요?

정답 잣나무

---

1. 가지가 사방으로 퍼지고, 바늘잎나무 중에 비교적 넓은 잎이 깃처럼 두 줄로 빽빽하다.
2. 고산지대에 서식하나, 저지대에서도 잘 적응해 관상용으로 많이 심는다.
3. 씨 일부를 과육으로 둘러싼 열매가 9~10월에 붉게 익는다.
4. 과육은 무해하지만 씨에 독성이 있어서 먹으면 안 된다.
5. '살아 천년 죽어 천년'이라는 말이 있을 정도로 성장 속도가 느리고 오래 사는 나무다.

나는 누구일까요?

정답 주목

---

1. 은행나무, 느티나무, 팽나무, 왕버들과 함께 우리나라 5대 거목 중 하나다.
2. 8월 초에 연한 황백색 꽃이 나무를 뒤덮어 꽃대가 휠 정도로 많이 핀다.
3. 가지치기하지 않아도 모양이 아름답고 빨리 자라 조경수나 가로수로 많이 심는다.
4. 집 안에 심으면 행복이 찾아온다고 예부터 귀하게 취급해 고궁에 많다.
5. 생김새가 아까시나무와 비슷하지만, 가지에 가시가 없고 꽃 피는 시기가 다르다.

나는 누구일까요?

정답 회화나무

---

1. 잎이 2~3개씩 뭉쳐난다.
2. 암꽃은 5월에 가지 끝에서 연녹색으로 달리고, 수꽃은 가지 밑에서 달리며, 노란 꽃가루가 바람에 날린다.
3. 씨앗에 날개가 있다.
4. 잣나무와 닮아 모르는 사람이 보면 구분하기 힘들다.
5. 옛날에는 아들이 태어나면 이것을 줄에 걸었고, 먹을 것이 없을 때는 이 껍질로 끼니를 때웠으며, 이 잎으로 송편을 쪄 먹었다.

나는 누구일까요?

정답 소나무

---

1. 일찍이 우리나라에서 심었다.
2. 잎은 비교적 크고 톱니가 없이 매끈한 달걀형이다.
3. 5~6월에 황백색 꽃이 잎겨드랑이에서 핀다.
4. 열매는 달걀형이나 납작한 공 모양으로, 10월에 주황색으로 익는다.
5. 감이 열리는 나무다.

나는 누구일까요?

정답 감나무

1. 나뭇진에 당분이 많아서 진딧물이 엄청 많이 모여든다.
2. 열매가 익기 전에는 쌍으로 붙어서 'ㄱ 자 모양' 부메랑처럼 생겼다.
3. 열매가 익으면 반으로 쪼개져 빙빙 돌면서 날아간다.
4. 잎사귀는 손을 펼친 모양이다.
5. 가을에 붉은색이나 노란색으로 물들어 관상용으로 많이 심는다.

나는 누구일까요?

정답 단풍나무

---

1. 관공서나 학교 화단, 정원 울타리용으로 심는다.
2. 늘푸른나무라서 다소 누렇게 뜨긴 해도 겨울에 초록 잎을 유지한다.
3. 3~5월에 잎겨드랑이나 가지 끝에서 연노란색 꽃이 몇 개씩 모여 핀다.
4. 잎은 약간 두껍고 광택이 있다.
5. 타원형 잎이 손톱보다 작고 마주난다.

나는 누구일까요?

정답 회양목

---

1. 줄기는 회갈색이고, 목재는 팔만대장경 판을 만들었다고 한다.
2. 잎 가장자리가 톱니 모양이고, 매화나 복사꽃보다 꽃자루가 길다.
3. 꽃잎 다섯 장으로 구성된 흰 꽃이 필 때 잎이 거의 없다.
4. 6~7월에 열매(버찌)가 검게 익는다.
5. 공해에 강해 정원이나 가로수에 많이 심고, 꽃이 필 때 축제를 열기도 한다.

나는 누구일까요?

정답 벗나무

나뭇잎이랑 놀자

활동 목표	• 나뭇잎마다 모양이 다른 것을 체험으로 안다. • 여러 가지 잎과 잎맥의 생김새, 그 특징을 익힌다.
시기	봄~가을
주요 활동	1. 줄기랑 나뭇잎과 친해지기 2. 우리는 일심동체 3. 나뭇잎 탁본 4. 나뭇잎 대칭 5. 나뭇잎 퍼즐 6. 나뭇잎 분류하기 7. 짝 찾기 놀이 8. 나뭇잎 가위바위보 9. 모양 카드와 닮은 자연물 찾기

학년군	내용 요소	성취 기준
1~2	생물 다양성 생명 존중	[2슬 04-03] 여름에 볼 수 있는 동식물을 살펴보고, 그 특징을 탐구한다. [2즐 04-03] 여름에 볼 수 있는 동식물을 다양하게 표현하고 감상한다.
3~4	산림 교육	[4과 05-01] 여러 가지 식물을 관찰하고, 특징에 따라 분류한다.
5~6	식물의 구조와 기능	[6과 12-02] 식물의 구조를 관찰하고, 실험을 통해 뿌리와 줄기, 잎의 구조와 기능을 설명한다.

교육과정에 제시된 활동 : '학교 숲에서 봄 나무의 다양한 나뭇잎 탐색하기' '주워 온 나뭇잎으로 놀이하기' '여러 가지 나뭇잎을 살펴보고 나뭇잎의 특징을 이해하고 그려보기' '식물을 잎의 특징에 따라 분류하기'

나뭇잎은 식물의 생태뿐만 아니라 융합 교육에 좋은 교구다. 나뭇잎 탁본, 대칭이나 분류하기, 퍼즐 맞추기, 비슷한 나뭇잎을 찾아내는 놀이를 하면서 생태 감수성과 창의성, 수학적 사고력을 기른다. 여러 가지 식물의 잎을 채집해 특징을 관찰하고, 놀이를 통해 우리 주변에 다양한 잎이 있음을 이해한다. 이후 명확한 기준을 세워 식물을 잎의 특징에 따라 분류한다.

제시한 활동은 여름과 가을에 활용하면 계절의 변화를 느끼며 놀이할 수 있다. 학교 숲에서 다양한 나뭇잎을 수집·관찰하면서 그 특징을 알고, 놀이 방법을 익혀 활동할 수 있도록 구성했다.

01

줄기랑 나뭇잎과 친해지기

 무엇을 배우나요?

여름은 녹음이 짙어지고 풀이 무성해지는 계절이다. 잎을 이용한 놀이로 잎의 다양성과 생김 새를 탐색한다.

 이렇게 진행해요

민들레 줄기로 놀기

수차 만들기

① 민들레 줄기를 잘라 양 끝을 여러 갈래로 쪼갠다.

② 쪼갠 줄기를 물에 담그면 갈라진 부분이 말린다.

③ 양쪽이 말린 줄기에 나뭇가지나 철사를 꿴다.

④ 힘의 세기를 달리해서 불어본다.

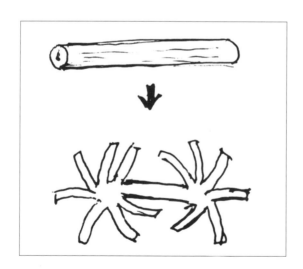

민들레 풀피리

민들레 꽃대를 잘라 빨대 모양으로 만들고 한쪽을 납작하게 누른 다음 분다.

강아지풀 놀이

- 강아지풀의 각 부분을 구분하고, 잎의 특징을 이야기한 다음 놀이한다.
- 강아지풀 잎을 뗄 때 손가락을 베지 않도록 주의한다.
- 고학년은 강아지풀 주변에 물을 뿌린 다음 뿌리까지 채집해서 관찰한다.

강아지풀 애벌레 놀이

① 강아지풀 이삭을 잘라서 위쪽이 뒤로 가게 바닥에 놓는다.
② 강아지풀 줄기로 만든 막대로 ①을 쓸듯이 두드리면 애벌레처럼 앞으로 나간다.
③ 누가 더 빨리 가는지 경주한다.

쬠쬠 놀이

① 주먹을 가볍게 쥔 손의 엄지와 검지 사이에 강아지풀 이삭을 넣고 쬠쬠.
② 달걀을 쥐듯 한 주먹 위에 놓고 쬠쬠.
③ 강아지풀 이삭을 손바닥에 올리고 손목을 살살 두드리면 앞으로 나간다.

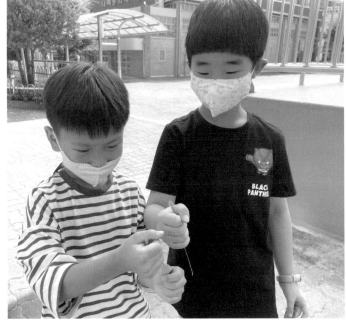

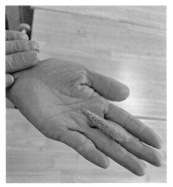

강아지 꼬리 흔들기

① 강아지 그림을 그린다.

② 강아지풀 이삭을 줄기까지 꺾어 꼬리 부분에 꽂고, 강아지 꼬리처럼 흔든다.

강아지풀로 토끼와 반지 만들기

① 이삭이 너무 짧지 않은 강아지풀을 줄기까지 두 개 준비한다.

② 강아지풀 두 개를 동시에 이삭 쪽으로 묶는다. 이때 나머지 부분은 토끼의 얼굴이 돼야 하니 전부 밀어 넣지 않도록 주의한다.

③ 강아지풀 줄기를 완전히 당겨 묶고 손가락으로 토끼 귀와 얼굴을 다듬어 모양을 잡는다.

④ 두 줄기를 손가락 둘레에 맞는 길이로 원을 만들고, 토끼 얼굴 부분에 꽂으면 반지가 완성된다.

물 싸움

① 강아지풀, 바랭이, 잔디 등의 줄기는 속이 빈 원기둥 모양이다.

② 줄기를 잘라 아래부터 손끝으로 밀면 끝에 물방울이 생긴다.

③ 친구와 ②를 맞대 상대방 물방울을 묻히면 이긴다.

❋ 갈대나 억새 줄기로 비눗방울 놀이도 할 수 있다.

풀 씨름

① 솔잎, 질경이나 강아지풀, 바랭이, 잔디 등의 줄기를 이용한다.

② 친구와 마주 보고 잎이나 줄기를 'X 자' 모양으로 건다.

③ 순간적으로 당겨 친구의 줄기를 끊는다.

풀잎 바람개비

① 길쭉한 잎 두 개를 25cm 정도 길이로 가운데에 모은다.

② 열십자로 놓고 핀으로 고정한 다음 갈대 줄기나 빨대에 꽂는다.

나뭇잎 배 만들기

① 대나무, 창포, 부들, 붓꽃, 강아지풀 등 길쭉한 나뭇잎을 이용한다.

② 잎끝을 접어 세 가닥으로 가른다.

③ 가운데 가닥은 그대로 두고 양쪽 가닥을 맞물리게 끼운다.

④ 반대쪽도 ②와 ③처럼 만든다.

⑤ 나뭇잎 배가 얼마나 잘 뜨는지 물에 띄워본다.

나뭇잎 피리

① 각종 나뭇잎이나 풀잎을 양손 엄지손가락 틈에 끼우고 분다.

② 맞닿은 네 손가락을 서로 두드리듯이 움직이면서 분다(잎의 종류와 손 모양, 부는 힘에
　　따라 소리가 다르다. 복사나무와 매실나무 잎이 소리가 잘 난다).

겹잎 잎줄기로 놀기

아까시나무 잎으로 하던 놀이다. 인위적으로 조성한 숲에는 아까시나무가 없으니 능소화, 등나무, 회화나무 등으로 대체한다.

잎 따기 경기

① 잎의 수가 같게 잎을 뗀다. 이때 맨 끝 잎은 반드시 포함해야 한다.
② 가위바위보 해서 이긴 사람이 손가락을 튕겨 잎을 딴다. 가위바위보 한 번에 잎 따는 기회 한 번이다.

애벌레 만들기

'잎 따기 경기'에서 뗀 잎을 이로 살짝 물어 무늬를 내고 이어 붙이면 애벌레처럼 보인다.

꽃 만들기

① 줄기 아래쪽을 한 손으로 잡는다.
② 다른 손 엄지와 검지로 잎줄기 아래에서 위로 훑는다.
③ 잎줄기 끝에 모인 잎이 꽃 모양이다.

잎줄기로 파마하기

① 잎을 뜯어낸 줄기로 파마하듯이 머리에 감는다.

② 한 시간쯤 지나서 풀면 일시적으로 파마한 머리처럼 된다.

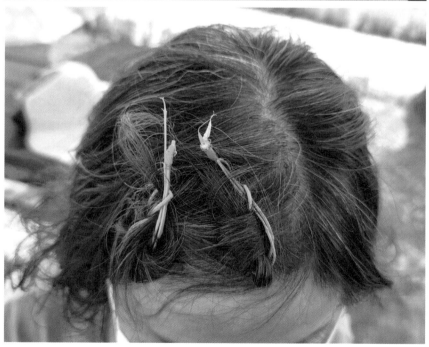

02

우리는 일심동체

 무엇을 배우나요?

학교에 있는 나무를 잎의 특징에 따라 구분하고, 집중력을 기른다.

 이렇게 준비해요

지시어 카드

이렇게 진행해요

① 모둠별로 잎 모양, 잎차례 등이 쓰인 지시어 카드를 나눠준다. 이때 모둠별 지시어 카드 내용은 같게 한다.
② 지시어 카드에 해당하는 자연물을 찾아 가져온다.
③ 가져온 자연물과 지시어를 한 줄로 전시하고 나뭇잎의 특징을 관찰한다.
④ 상대 모둠원 한 사람이 지시어를 빼고 나뭇잎의 위치를 바꾼다.
⑤ 선생님이 나뭇잎의 이름이나 특징을 말할 때 전체 모둠원이 그 나뭇잎을 가리키면 나뭇잎을 뺀다.
⑥ 한 사람이라도 다른 방향으로 향하거나 가리키지 않으면 다른 나뭇잎을 한 장 더 올려놓는다.
⑦ 나뭇잎이 없어질 때까지 계속한다.

> ⭐ 부록 327쪽에 지시어 카드가 있습니다.

03

나뭇잎 탁본

 무엇을 배우나요?

자연물감으로 잎맥 본뜨기 활동을 하고, 나뭇잎 모양과 잎맥을 관찰한다.

 이렇게 준비해요

A4 용지, 가위, 팔레트, 물감, 붓, 도화지

 이렇게 진행해요

① 학교 주변을 둘러보며 다양한 나뭇잎을 주워서 관찰하고 다음 질문에 답한다.
- 어떤 냄새가 나는가?
- 어떤 모양이고, 앞면과 뒷면이 어떻게 다른가?
- 잎맥, 잎 가장자리 등 자세히 보면 어떤 특징이 있나?
- 나뭇잎은 색깔이 왜 서로 다를까?

② 나뭇잎에 A4 용지를 덮고 꽃잎이나 풀잎 등으로 잎맥을 가로질러 문지른다.

③ 완성된 탁본을 오려서 잎맥 생김새가 비슷한 것끼리 나누고 그 특징을 말해본다.

④ 오린 나뭇잎으로 자유롭게 상상해 그림을 완성한다.

 이렇게도 해보세요

나뭇잎 찍기

① 팔레트에 원하는 색 물감을 준비해서 나뭇잎에 붓으로 칠한다. 이때 물감이 너무 진하면 뭉쳐서 나뭇잎에 골고루 묻지 않는다.

② 나무줄기를 그린 도화지에 나뭇잎을 찍어 나무 모양을 완성한다.

③ 잎 뒷면으로 해야 잎맥이 잘 드러나고 예쁘게 찍힌다. 우리 주변에서는 벚나무 잎이 가장 뚜렷하게 나타났다.

자연물로 나뭇잎 문지르기

나뭇잎 탁본으로 꾸미기

나뭇잎 찍기

① 나뭇잎 탁본은 잎맥을 관찰하기 위한 놀이다. 예쁘게 꾸미기에 치중하면 교육목표를 달성하기 어렵고, 미술 시간과 구별되지 않는다. 잎을 본뜬 다음 잎맥의 특징을 이야기하는 것이 중요하다.

② 나뭇잎 탁본에 색연필을 쓰기도 하지만, 풀잎이나 꽃잎, 흙 등 자연물을 이용하면 색감이 부드럽고 자연에서 다양한 색을 얻어낼 수 있다는 것도 배운다.

③ 5학년 2학기 수학 '합동과 대칭'과 연계할 수 있다. 나뭇잎과 나뭇잎 탁본을 오려서 겹쳐 보면 두 도형이 합동이라는 것을 깨닫는다.

④ 잎맥의 본을 뜨기 어려운 식물은 잎을 대고 가장자리를 그린 다음, 잎맥 그리기로 대신한다.

쌍떡잎식물과 외떡잎식물 이야기

쌍떡잎식물은 모범생이다. 떡잎부터 넉넉히 두 장을 준비하고, 줄기 속 관다발은 고리 모양으로 가지런하게 만들며, 뿌리는 곧고 튼튼하게 내린다. 잎이 잘 찢어지지 않도록 촘촘히 그물맥을 짠다.

반면 외떡잎식물은 덜렁이다. 급한 마음에 떡잎을 한 장 만들고, 줄기 속 관다발은 일단 아무렇게나 채워놓고, 빨리 자라는 수염뿌리다. 잎은 쭉쭉 뻗은 나란히맥이라 엉성하고 잘 찢어진다. 외떡잎식물은 한해살이가 대부분이기 때문에 모범생인 쌍떡잎식물처럼 떡잎도 두 장 만들고 줄기 속을 가지런히 채우며 잎맥을 촘촘히 짤 시간이 없다. 빨리 자라서 씨앗을 퍼뜨리는 게 무엇보다 중요하다.

잎맥이란?

식물의 잎에는 물관과 체관이 있다. 물은 물관을 통해, 양분은 체관을 통해 이동한다. 물관은 비교적 굵은 관으로 위쪽에 있고, 체관은 아래쪽에 있다. 잎맥은 줄기의 관다발과 이어지며, 뿌리털에서 흡수해 줄기를 거쳐 잎까지 올라온 물과 잎에서 만든 양분이 잎맥을 통해 이동한다.

잎맥의 생김새

① 나란히맥 : 잎새를 따라 뻗은 잎맥으로, 잎을 찢으면 잎맥과 나란히 찢어진다. 외떡잎식물처럼 나란히맥인 식물은 뿌리가 수염 모양(수염뿌리)이다.

② 그물맥 : 그물 모양 잎맥으로, 잎을 찢으면 그물처럼 찢어진다. 쌍떡잎식물처럼 그물맥인 식물은 뿌리가 원뿌리와 곁뿌리로 돼 있다.

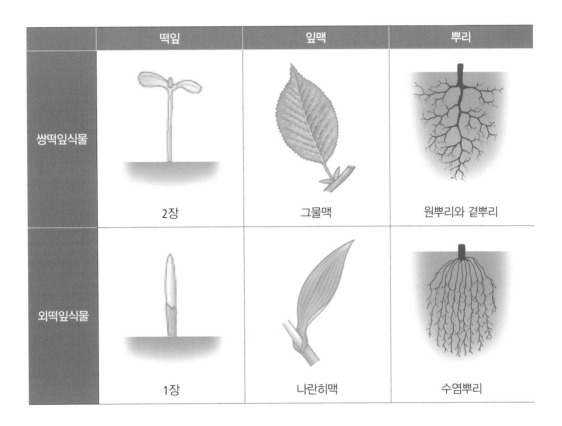

	떡잎	잎맥	뿌리
쌍떡잎식물	2장	그물맥	원뿌리와 곁뿌리
외떡잎식물	1장	나란히맥	수염뿌리

04

나뭇잎 대칭

 무엇을 배우나요?

다양한 나뭇잎의 반쪽을 그리는 놀이로 대칭의 개념을 이해한다.

 이렇게 준비해요

풀, 종이, 필기도구

 이렇게 진행해요

① 학교 주변의 다양한 나뭇잎을 주워 주맥을 중심으로 반 자른다.
② 자른 나뭇잎에 풀칠해서 종이에 붙인다.
③ 나머지 반쪽을 그려 나뭇잎 모양을 완성한다.
④ 주변에서 그림자, 꽃, 곤충, 새 등 대칭을 이루는 자연이나 자연물을 찾아본다.

 참고하세요

대칭 개념을 배우지 않았다면 놀이하기 전에 이야기해준다. 나뭇잎은 대칭의 예시로 좋은 자료다. 여러 가지 나뭇잎을 주워서 대칭축을 가위로 자르고, 잘라낸 반쪽을 그리고 색칠하면서 대칭의 개념과 원리를 이해한다. 시각적인 즐거움과 자연 친화적인 감수성도 생긴다.

5학년 2학기 수학 '합동과 대칭' 수업 결과물

05

나뭇잎 퍼즐

 무엇을 배우나요?

나뭇잎 모양을 알고 배열 감각을 기른다.

 이렇게 준비해요

종이, 목공 풀이나 딱풀, 필기도구, 가위

 이렇게 진행해요

① 좋아하는 나뭇잎(가능하면 자기가 아는 나뭇잎) 한 장을 찾아 가져온다.

② 나뭇잎에 풀칠해서 종이에 붙이고 밑에 나무 이름을 쓴다.

③ 짝과 의논해 5등분 이상으로 정한다.

④ 각자 종이에 붙인 나뭇잎을 의논한 수만큼 오린다.

⑤ 자른 나뭇잎을 섞어 짝과 바꾸고, 나뭇잎 퍼즐을 맞춘다.

역동적인 나뭇잎 퍼즐

① 나뭇잎에 풀칠해서 한 장씩 종이에 붙이고 이름을 쓴다.

② 둘러서서 나뭇잎이 붙은 종이를 한 번씩 자른다.

③ 자른 나뭇잎을 그대로 두고 한 칸 옮겨서 퍼즐을 맞춘다.

④ 다시 한 칸 옮겨서 한 번 더 자른다.

⑤ 다시 한 칸 옮겨서 퍼즐을 맞춘다.

⑥ ②~③을 반복하며 나뭇잎 모양을 비교하고 특징을 알아간다.

나뭇잎 퍼즐 만들기

나뭇잎 퍼즐

선생님과 같은 잎을 찾아라

앞에 제시한 놀이와 반대로 나뭇잎을 조각내 퍼즐을 맞춘 다음 도화지에 붙여도 된다. 자연에서 찾은 소재를 다양한 모양으로 자르고 오린 뒤 다시 조합해 원래 모양을 만드는 놀이다. 자연과 함께하는 즐거움을 느끼며, 친구와 같은 수의 조각을 만들고 맞바꿔 퍼즐을 맞추면서 배려하고 나누는 활동으로 확장한다.

잎의 구조

잎은 대개 잎몸, 잎자루, 턱잎으로 구성된다. 이 세 부분이 모두 있으면 갖춘잎, 하나라도 없으면 안갖춘잎이다.

잎몸

잎의 가장 중요한 부분으로, 빛 에너지를 받아 광합성을 하는 엽록체가 많다. 태양 빛을 잘 받도록 평평하고 납작한 모양이 대부분이다. 잎에서 햇빛과 물을 이용해 살아가는 데 필요한 영양분(녹말)을 만들고, 뒷면에 공기가 드나드는 기공이 있다. 잎은 앞면이 뒷면보다 진한 경우가 많은데, 영양분을 만들 때 빛이 필요한 엽록체가 앞면에 더 많기 때문이다.

잎자루

잎몸을 받치고 줄기에 붙은 부분이다. 잎자루 속 관다발은 줄기와 잎의 관다발의 통로 역할을 한다. 잎자루는 잎몸이 햇빛을 잘 받도록 비틀어지기도 하며, 잎자루가 없는 식물도 있다.

턱잎

잎의 부속물로 잎자루 아래 있다. 양치식물이나 겉씨식물에는 없으며, 속씨식물인 쌍떡잎식물에서 흔히 볼 수 있다. 생김새는 가시 모양, 돌기 모양, 비늘 모양, 잎새 모양, 칼집 모양 등 다양하고, 어린싹을 보호한다. 벚나무 턱잎은 어린잎일 때 떨어지지만, 제비꽃 턱잎은 잎몸처럼 되어 오래 붙어 있다.

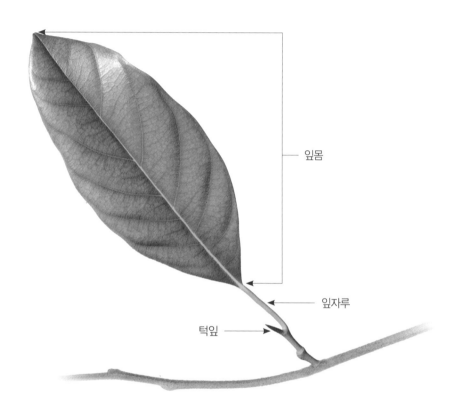

잎몸

잎자루

턱잎

06

나뭇잎 분류하기

 무엇을 배우나요?

- 식물에 따라 잎의 생김새가 다양함을 알고, 기준을 정해 분류한다.
- '메모리 게임'으로 나무의 종류를 알고, 기억력과 관찰력을 기른다.

 이렇게 준비해요

종이, 목공 풀이나 딱풀

이렇게 진행해요

① 생김새가 다른 나뭇잎이나 풀잎을 열 개 정도 줍는다.
② 잎 모양, 잎자루에 달린 잎의 개수, 잎 가장자리 모양, 잎맥의 모양 등 기준을 정해 주운 잎을 분류한다.

나뭇잎 분류하기(갈라진 잎, 바늘잎, 밋밋한 잎)

메모리 게임

① 짝을 짓거나 모둠을 나눈다.

② 각자 주운 나뭇잎 가운데 같은 나뭇잎 두 장씩 여덟 쌍을 모은다.

③ 종이에 목공 풀이나 딱풀로 나뭇잎을 붙여 카드를 만든다.

④ 나뭇잎 카드를 엎어놓고 순서를 정한다.

⑤ 카드를 뒤집어 똑같은 자연물이 나오면 그 자연물을 가져간다.

⑥ 똑같은 자연물을 많이 가져간 사람이 이긴다.

⑦ 자연물의 위치를 바꿔가며 놀이한다.

⑧ 식물의 잎과 줄기로 하는 놀이는 가능하면 학교 숲에서 하는 게 좋다. 사정이 여의치 않으면 식물도감이나 부록(329~351쪽)에 제공하는 사진 자료를 복사해서 사용한다. 이 자료로 잎을 관찰하고 분류하며 식물에 따라 잎 모양이 다양하다는 것을 지도한다.

나뭇잎 카드 만들기

나뭇잎 카드

메모리 게임

지나치게 많은 자료를 제공하면 오히려 싫증을 느낀다. 여기에 제시한 자료는 학교 숲에서 보기 쉬운 식물이다. 식물 이름이나 용어 중심 수업은 지양한다. 어린이들이 이름이나 용어를 암기하는 과정에서 흥미를 잃는다. 잎의 생김새, 잎맥, 잎이 줄기에 붙은 모양, 줄기가 뻗는 모양이 다양하다는 점을 인식하도록 지도한다.

① 어린이들이 잎을 분류하는 동안 선생님은 분류 기준을 어떻게 정했는지 묻고, 기준이 적합하지 않은 경우 적합한 기준에 접근하도록 안내한다.

② 잎을 관찰할 때는 오감을 모두 이용한다. 눈으로 색깔과 크기, 길이를 관찰하고, 손으로 감촉이나 두께 등을 알아본다. 냄새를 맡고, 맛을 볼 수도 있다. 독성이 있는 식물도 있으므로 맛보기 전에 반드시 확인해준다.

③ 가능하면 나무 밑에 떨어진 잎을 줍는다. 식물에서 잎을 따야 할 때는 잎자루까지 가위로 잘라 줄기에 상처 내지 않고, 같은 식물에서 한꺼번에 많이 따지 않도록 주의한다.

④ 나뭇잎 분류하기 예시

- 잎이 하나인 것과 하나가 아닌 것
- 잎이 좁은 것과 좁지 않은 것
- 잎 가장자리가 많이 갈라진 것과 거의 갈라지지 않은 것
- 잎맥이 그물 모양인 것과 나란한 것

잎의 다양성

나뭇잎은 줄기에 붙은 모양, 개수, 잎 가장자리 등에 따라 모양이 다르다. 왜 그럴까? 움직일 수 있는 동물은 적당한 환경을 찾아 이동하지만, 움직일 수 있는 없는 식물은 진화 과정을 거쳐 환경에 적응하며 살아간다. 잎 모양이 다양한 것도 진화의 결과물이라고 할 수 있다.

잎 모양에 따라 길쭉한 잎과 달걀형, 심장형, 원형, 타원형, 주걱 모양 등이 있고, 잎 가장자리 모양에 따라 밋밋한 모양, 물결 모양, 톱니 모양이 있다. 줄기 마디에서 나오는 잎자루 하나에 잎몸이 한 개 붙은 홑잎, 장미와 아까시나무, 회화나무, 등나무처럼 잎자루 하나에 작은 잎이 여러 장 붙은 겹잎이 있다.

식물학자는 잎 가장자리가 밋밋한 것에서 톱니가 있는 것으로, 홑잎에서 겹잎으로, 잎이 갈라지지 않은 것에서 깊이 갈라진 것으로 진화했다고 한다. 즉 식물은 햇빛과 양분, 물이 있어야 잘 자란다. 햇빛을 많이 받고 무럭무럭 자라서 번식하기 위한 전략으로 적응해왔다.

이런 잎도 있어요

잎의 형태는 매우 다양하다. 외떡잎식물은 대부분 잎자루가 없고, 잎이 길쭉한 형태를 띤다. 잎처럼 보이지 않는 잎은 변형된 것이다.

- 덩굴손 : 오이나 포도나무처럼 작은 잎이나 턱잎이 덩굴손으로 변해 주변의 물체를 휘감으면서 자란다. 한 방향일 경우 약해지기 때문에 감기는 방향이 매듭을 묶듯이 가끔 바뀐다.
- 바늘잎 : 잎이 변해 가시가 된 부채선인장, 나무껍질이 변해 가시가 된 음나무가 있다. 선인장은 줄기가 넓어지고 잎이 변한 가시가 초식동물에게서 자신을 보호하고, 수분 증발을 막는다.
- 다육잎 : 채송화나 쇠비름 등은 잎이 두꺼워져 그 속에 수분을 많이 저장한다.

잎차례

잎차례는 식물의 성장에 중요한 역할을 한다. 잎은 광합성에 필요한 햇빛을 더 잘 받으려고 줄기에 규칙적으로 난다. 식물에 따라 마주나기, 어긋나기, 돌려나기, 모여나기(뭉쳐나기) 등 여러 모양으로 달린다.

식물마다 잎차례가 특색 있는 까닭은 뭘까?

생태적 환경과 밀접한 관계가 있다. 햇빛을 많이 받아 효율적으로 이용하기 위한 자기 변화다. 살길을 찾기 위해 스스로 변하는 식물의 지혜가 놀랍다.

부록 329·331쪽에 잎사귀 탐색 카드(풀잎), 333·335·337·339·341쪽에 잎사귀 탐색 카드(나뭇잎), 343·345·347·349·351쪽에 잎차례 카드가 있습니다.

07

짝 찾기 놀이

 무엇을 배우나요?

다양한 나뭇잎을 찾고 그 생김새를 안다.

 이렇게 준비해요

나뭇잎, 양면테이프

 이렇게 진행해요

① 어린이가 스무 명일 경우, 열 가지 나뭇잎을 두 장씩 준비한다. 어린이가 홀수일 경우는 선생님도 참여한다.

② 나뭇잎 한 장을 선생님 이마에 붙이고, 어린이들이 가장 비슷한 나뭇잎을 찾으러 간 사이 나뭇잎 뒤에 양면테이프를 붙인다(여름철에는 습도가 높아 나뭇잎만으로 잘 붙는다).

③ 모두 눈을 감으라고 한 다음 이마에 나뭇잎을 한 장씩 붙여준다.

④ 자유롭게 돌아다니며 자기 나뭇잎의 모양에 대해 질문한다.

⑤ 같은 나뭇잎을 붙인 짝을 찾으면 함께 앉는다.

 참고하세요

① 이마에 붙은 나뭇잎이 어떤 나무인지 모르게 해야 한다.

② 선생님 혼자 나뭇잎에 양면테이프를 붙이면 시간이 걸리니, 어린이들에게 나뭇잎을 한 장씩 나눠주고 붙이게 한 다음 선생님이 그것을 다른 사람 이마에 붙여준다.

③ 나뭇잎을 집게로 등에 달고 해도 된다.

08

나뭇잎 가위바위보

 무엇을 배우나요?

다양한 나뭇잎으로 놀이하며 나뭇잎의 특징을 이해한다.

 이렇게 준비해요

흰 천

이렇게 진행해요

① 모둠별로 각기 다른 나뭇잎을 최대한 많이 모은다.
② 모둠별로 흰 천에 나뭇잎을 놓는다.
③ 어느 모둠이 다른 잎을 가장 많이 모았는지 확인해 보상한다.
④ 모둠원에게 각자 번호를 부여한다.
⑤ 선생님이 지시하면 해당하는 번호 어린이가 그 나뭇잎을 가지고 나온다.
   예시 모둠의 2번, 가장 큰 나뭇잎
⑥ 각 모둠 2번은 가장 큰 나뭇잎을 가지고 나와서 "가위바위보" 하며 나뭇잎을 내민다.
⑦ 가장 큰 나뭇잎을 가진 사람이 상대방의 나뭇잎을 가져간다. 비기면 나뭇잎을 서로 바꾼다.

참고하세요

① 지시어 예시 : 가장 넓은 잎, 가장 긴 잎, 가장 좁은 잎, 가장 많이 붙은 잎, 가장 깊이 갈라진 잎, 잎자루가 가장 긴 잎, 가장자리에 톱니가 많은 잎, 잎자루가 긴 잎, 잎 색깔(빨간 잎, 노란 잎 등), 잎 모양(심장 모양, 달걀 모양 등)
② 식물 이름보다 모양을 익히는 것이 중요하므로 잎 모양에 초점을 맞춘다.
③ 지시에 따라 각 모둠에서 가지고 나온 잎을 비교해 가장 정확한 모둠(정확성을 판단하기 어려운 경우 가장 빨리 가지고 나온 모둠)을 정한다.

09

모양 카드와 닮은 자연물 찾기

 무엇을 배우나요?

모양 카드와 닮은 자연물을 찾으며 관찰력을 기른다.

 이렇게 준비해요

여러 가지 모양 카드, 흰 천

이렇게 진행해요

① 모양 카드를 나눠주며 비밀 카드라고 호기심을 유발한다.

② 카드 모양과 같거나 최대한 비슷한 자연물을 찾아 가져온다.

③ 카드는 숨기고 가져온 자연물을 친구들에게 보여주며 어떤 모양인지 추측하게 한다.

④ 흰 천을 바닥에 깔고 자연물과 카드를 함께 전시한다.

⑤ 숲에 있는 여러 가지 모양과 다양한 관점에 대해 이야기 나눈다.

• 숲에는 얼마나 다양한 모양이 있을까?

• 같은 모양 카드를 가지고 왜 서로 다른 자연물을 찾아 가져왔을까?

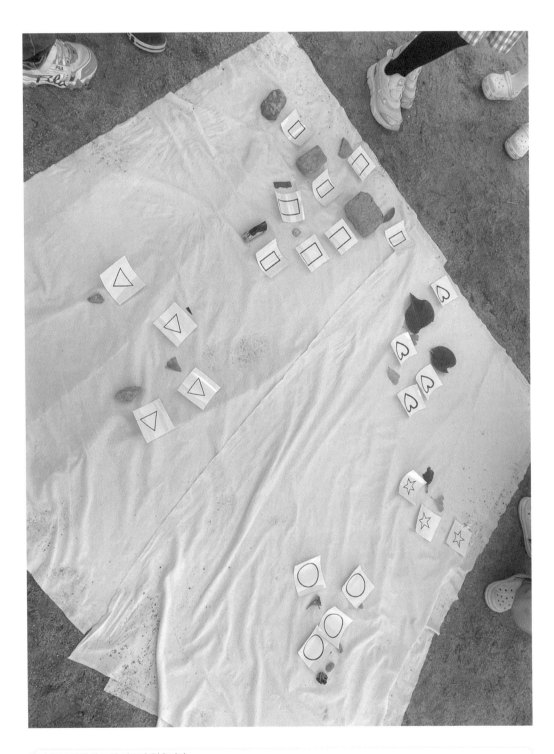

❀ 부록 353쪽에 모양 카드가 있습니다.

3~4학년 성취 기준에 따른 탐구

하천을 지키는 물풀 3형제

물풀 3형제는 줄기가 텅 비었다. 물속에서도 뿌리로 호흡하기 위해 줄기에 특별한 구조가 있다.

- 물억새 : 하천에 가장 흔한 수변 식물로, 습지에서 무리 지어 자란다. 짧은 뿌리가 엉켜 물의 흐름이 강한 곳에서 서로 의지하며 홍수에 하천을 지키는 수비 대장 역할을 한다.
- 달뿌리풀 : 도시 하천에서 갈대와 비슷하게 생긴 식물은 대부분 달뿌리풀이다. 냇가 모래땅에 자라는 여러해살이풀이다.
- 갈대 : 줄기보다 잎이 무성하고, 뿌리가 모여 있다. 줄기는 발의 재료로 사용하고, 이삭은 빗자루로 만든다.

억새와 달뿌리풀, 갈대 이야기

억새와 달뿌리풀, 갈대가 어느 날 살기 좋은 곳을 찾아 떠난다. 3형제는 큰 팔로 춤을 추며 산등성이에 올랐다. 바람이 세게 불어 갈대와 달뿌리풀은 서 있기도 힘들었지만, 억새는 "시원하고 경치도 좋다. 나 여기서 살래"라고 했다. 갈대와 달뿌리풀은 "우리는 너무 추워서 따뜻하고 살기 좋은 낮은 곳으로 내려갈 거야"라며 산 아래로 가다가 개울을 만났다. 그날따라 물에 비친 보름달에 반한 달뿌리풀이 "난 여기가 좋아. 여기서 달그림자를 보면서 살 거야"라고 했다. 갈대가 개울가를 둘러보더니 "둘이 살기에는 너무 좁다"며 더 아래쪽으로 갔다. 갈대는 망망대해를 만나 건너가지 못하고 바닷가에 자리 잡고 살았다.

※ 갈대와 억새, 달뿌리풀은 줄기 속이 비고 방어력이 없는 대신 잎이 날카롭다. 잎에는 동물이 먹어도 소화하지 못하게 유리를 만드는 이산화규소와 마이크로 칩 원료인 규소가 있다. 시멘트 위로 달뿌리풀이 자라는 것을 볼 수 있는데, 강한 산성으로 시멘트를 녹이고 그 위에 뿌리 내리기도 한다.

물에서 수질을 지키는 식물

하천은 식물의 뿌리에 의해 물의 흐름이 느려져 물에 있는 찌꺼기가 가라앉으며, 식물의 줄기나 뿌리에 오염 물질이 부착되면 미생물이 분해한다. 이런 오염 물질이 하천 미생물의 먹이가 된다. 미생물은 오염 물질을 먹어 생명 활동을 위한 에너지를 만들고, 인과 질소 등 무기물로 분해하며, 무기물은 물속 산소와 결합해 인산염이나 질산염의 형태로 존재한다. 동식물의 생장에 필요한 영양소를 제공하는 질산염, 인산염 등 영양염류는 물속 식물성프랑크톤의 주요 먹이가 된다. 영양염류의 양이 급격히 증가하는 상태를 부영양화, 바닷물의 부영양화로 돌말이 급격히 증가하는 것은 적조, 민물의 부영양화로 녹조류와 남조류 등이 급격히 증가하는 것은 녹조라고 한다.

높은 산과 바닷가에 사는 식물

높은 산에 사는 식물은 강한 바람을 견딜 수 있도록 줄기가 짧고 키가 작아 땅 위를 기어가듯이 자란다. 뿌리는 땅속 깊이 뻗는다. 바닷가에 사는 식물은 강한 햇빛을 막기 위해 바늘 모양 통통한 잎이나 광택이 나는 잎이 많다. 수분을 흡수하기 위해 뿌리를 땅속 깊이 뻗으며 염분은 제외하고 수분만 흡수한다.

호랑가시나무(바닷가)   털기름나물(한라산 백록담)

염생식물

갯벌에 사는 염생식물은 염류 토양에서도 수분을 빼앗기지 않고 흡수하거나, 세포 내에서 삼투압을 높이는 물질을 만들어 염분을 배출하고 수분만 흡수한다.

함초

숨바꼭질 대장, 곤충

활동 목표	곤충의 구조와 특징을 놀이로 알아본다.	
시기	사계절	
주요 활동	1. 곤충 주사위 놀이 2. 곤충의 한살이 체험 3. 곤충을 찾아라 4. 최고의 사랑꾼, 잠자리 5. 근육 맨, 매미 6. 비슷한 듯 서로 다른 곤충	
학년군	내용 요소	성취 기준
1~2	인간과 동물의 조화	[2즐 08-03] 동물 흉내 내기 놀이를 한다.
3~4	자연과 생명에 대한 경외심	[4과 10-03] 여러 가지 동물의 한살이를 조사해, 동물에 따라 한살이 유형이 다양함을 설명한다. [4과 10-01] 암수에 따른 특징을 동물별로 비교하고, 번식 과정에서 암수의 역할이 다양함을 설명한다.
5~6	생태계 보전	[6과 05-03] 생태계 보전의 필요성을 인식하고, 우리가 할 수 있는 일에 대해 토의한다.

초등 3학년 과정에 '동물의 한살이'를 통해 한살이 기간이 비교적 짧은 배추흰나비 관찰 계획을 세우고, 동물을 기르면서 자신감과 책임감, 동물을 아끼고 사랑하는 마음을 갖는다. 우리 주변의 다양한 곤충이 태어나고 자라서 자손을 남기고, 그 자손이 다음 세대 자손을 남기는 한살이 과정을 몸으로 체험하며 곤충의 생태를 이해하는 데 중점을 뒀다. 잠자리와 매미를 집중적으로 탐구하고, 아주 비슷해서 자세히 봐야 구별할 수 있는 곤충의 특징을 알아보고, 찰흙으로 만드는 놀이로 구성했다.

01

곤충 주사위 놀이

 무엇을 배우나요?

곤충의 구조를 이해한다.

 이렇게 진행해요

① 곤충의 특징을 설명한다.
② 두 명이 짝지어 주사위를 던지고, 나온 숫자에 맞게 자연물로 곤충을 만들거나 그린다.
③ 먼저 곤충의 몸 구조를 빠짐없이 완성한 사람이 이긴다. 곤충은 머리, 눈, 더듬이 한 쌍, 가슴, 날개 두 쌍, 다리 세 쌍, 배가 있어야 한다. 잠자리는 눈이 2만 개가 넘지만, 하나처럼 보이기 때문에 하나로 센다.

 참고하세요

대다수 곤충은 잠자리처럼 날개가 두 쌍이다. 모기나 파리는 퇴화한 날개가 곤봉 모양(평균곤)으로 변해 한 쌍처럼 보이고, 벼룩은 날개가 퇴화해 없다.

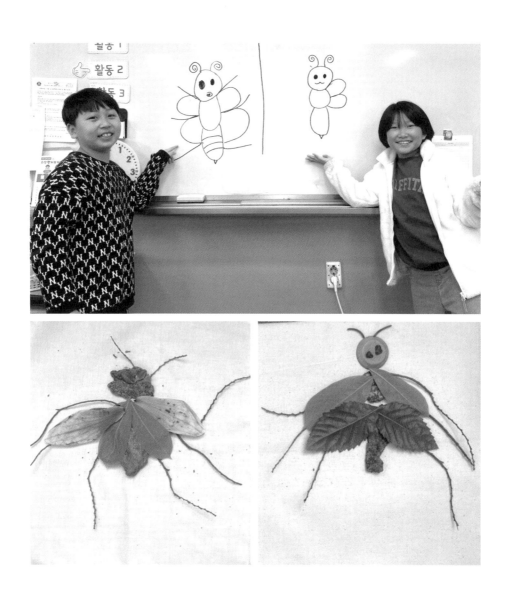

02

곤충의 한살이 체험

 무엇을 배우나요?

곤충의 알 찾기, 애벌레와 번데기, 어른벌레 체험을 통해 곤충의 한살이를 이해한다.

 이렇게 준비해요

색종이, 가위, 펜, 연필, 눈가리개, 보자기, 실이나 쟁반, 젤리, 곤충 눈 안경

 이렇게 진행해요

학교 숲을 산책하며 곤충의 알을 찾아본다.

꿈틀꿈틀 애벌레 경주

① 색종이 한 장을 세로로 1/4, 2/4 크기로 자른다.

② 1/4 크기로 자른 색종이 한 장을 선택한다.

③ ②를 반 접은 다음 펴서 중심선에 맞춰 반으로 접는다.

④ ③을 반으로 한 번 더 접고 중심선에 맞춰 접어 모은다.

⑤ 가장자리를 가위로 둥글게 자른 다음 펴서 머리 쪽에 펜으로 눈을 그린다.

⑥ ①에서 2/4 크기로 자른 색종이는 연필을 대고 말아서 빨대로 만든다.

⑦ 빨대로 애벌레를 불면 꿈틀꿈틀 움직인다. 이때 세게 불면 날아가니 주의한다.

⑧ 책상이나 도화지에 애벌레를 올려놓고 친구들과 애벌레 경주를 한다.

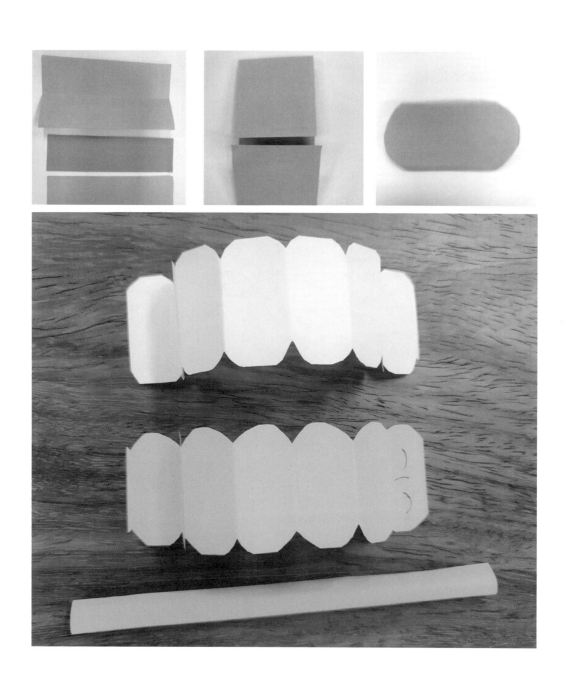

애벌레 체험

① 곤충은 감각기관이 매우 발달했는데, 감각기관이 발달하기 위해서 집중해야 함을 말해주고 놀이를 시작한다.

② 모둠원이 애벌레처럼 한 줄로 서서 눈을 가리고 앞사람의 어깨를 잡는다.

③ 선생님은 맨 앞에 있는 어린이의 손을 잡고 일정한 장소로 인도한다.

④ 제자리로 돌아와서 눈가리개를 풀고 지나온 장소를 찾아간다.

⑤ 올바로 찾은 어린이에게 곤충처럼 감각기관이 발달했다고 칭찬한다. 애벌레 체험을 할때 위험하지 않은 장애물 넘기, 나무 만지고 냄새 맡기 등을 하도록 인도한다.

번데기 체험

① 내가 번데기라면 어떤 곤충으로 탈바꿈할지 생각해본다.

② 어린이는 나무에 번데기가 되기 위해 붙어 있고, 선생님은 보자기로 번데기처럼 감아준다. 이때 인원이 한두 명이어야 번데기처럼 완전히 감을 수 있다.

③ 노래를 정해서 같이 부르다, 노래가 끝나면 천을 뚫고 나와 어른벌레가 되어 자유롭게 돌아다닌다.

④ 선생님의 신호에 맞춰 모여서 어떤 곤충으로 탈바꿈했는지 이야기 나눈다.

어른벌레 체험

① 모둠을 나누고 모둠원은 순서를 정한다.

② 선생님은 젤리를 5m 정도 거리에 있는 나무에 실로 매달거나 쟁반에 둔다.

③ 모둠원은 한 사람씩 곤충 눈 안경을 쓰고 가서 젤리를 먹고 돌아와 다음 사람에게 안경을 건네준다. 곤충 눈 안경은 시중에서 구입할 수 있는데, 아이들은 이 안경을 쓰면 새로운 세상을 본 것처럼 신기해하며 즐거워한다.

④ 릴레이로 모든 모둠원이 젤리를 먹고 돌아온다.

🍄 참고하세요

완전탈바꿈은 알−애벌레−번데기−어른벌레 단계를 거친다. 완전탈바꿈을 하는 곤충은 애벌레 시기와 어른벌레가 되었을 때 모습이 전혀 다르다. 파리, 모기, 풍뎅이, 장수풍뎅이, 장수하늘소, 사슴벌레, 무당벌레 등이 완전탈바꿈을 한다.

불완전탈바꿈은 알−애벌레−어른벌레 단계를 거친다. 불완전탈바꿈을 하는 곤충은 애벌레와 어른벌레가 닮은 꼴이다. 그렇다면 애벌레와 어른벌레는 어떻게 구분할까? 날개의 유무다. 덩치가 커도 날개가 없으면 애벌레다. 사마귀, 매미, 메뚜기, 잠자리 등이 불완전탈바꿈을 한다.

03

곤충을 찾아라

 무엇을 배우나요?

자기가 채집한 곤충을 관찰해서 발표한다.

 이렇게 준비해요

빈 병, 과일 조각이나 멸치, 돋보기, 꿀이나 설탕물, 양파 망, 잠자리채, 루페, 우산

 이렇게 진행해요

곤충 함정 1

① 벌레가 많이 모일 만한 장소에 구멍을 파고 투명한 병을 넣는다.
② 빈 병에는 멸치나 과일 조각 같은 미끼를 담는다.
③ 빈 병 주위에 돌멩이를 놓고 넓적한 돌을 얹는다.
④ 하루쯤 기다려 빈 병에 잡힌 곤충을 돋보기로 관찰한다.

곤충 함정 2

① 꿀이나 설탕물을 나무줄기에 바르거나 양파 망에 과일 조각을 넣고 매단다.
② 곤충의 날개나 다리 등이 상하지 않게 잡고 꺼낸다.

잠자리채로 잡기

① 땅에 앉은 곤충은 한 손으로 잠자리채 망 끝을 잡고 위에서 아래로 덮치듯이 잡는다.
② 날아다니는 곤충은 잠자리채를 재빠르게 휘둘러 잡는다.
③ 풀밭에 있는 곤충은 아래에서 위로 훑듯이 잠자리채를 휘둘러 잡는다.
④ 나뭇진을 빠는 곤충은 잠자리채를 아래에서 위로 올리며 잡는다.

그 외 곤충 채집 방법

- 풀잎이나 나뭇잎에 앉은 곤충은 루페나 빈 병으로 들어가게 한 뒤 뚜껑을 닫는다.
- 나뭇잎 아래에서 우산을 거꾸로 펼쳐놓고 막대기로 나뭇가지를 친다. 우산에 떨어진 곤충을 재빨리 루페에 담고 뚜껑을 덮는다.

🍄 **참고하세요**

곤충을 잘 모르는 경우, '구글렌즈'나 '네이버렌즈' 애플리케이션을 이용해 검색하거나 곤충 도감에서 찾아본다.

곤충 채집할 때 유의할 점

- 웅덩이나 벼랑처럼 위험한 곳에서는 곤충을 잡지 않는다.
- 함부로 곤충을 잡거나 해치지 않는다. 특히 멸종 위기종이나 천연기념물 등 보기 드문 곤충은 잡으면 안 된다.
- 곤충 서식지에서 관찰하고, 곤충을 관찰한 뒤에는 돌려보낸다.
- 나비는 머리 쪽에서 잡고, 잠자리는 뒤쪽에서 잡는다. 나비를 잠자리채로 잡으면 망 안에서 파닥거려 날개가 상하기 쉽다. 한 손으로 조심스럽게 망을 눌러 나비가 파닥거리지 않게 한 다음, 다른 손으로 가슴 부분을 잡고 꺼낸다. 나비나 잠자리는 날개를 잡지 않는다. 나비 날개에 있는 비늘 가루(인분)가 눈이나 코로 들어가지 않게 주의한다.
- 곤충을 관찰한 뒤에는 반드시 손을 씻는다.

04

최고의 사랑꾼, 잠자리

 무엇을 배우나요?

잠자리의 생태를 이해하고 놀이에 참여한다.

 이렇게 준비해요

OHP 필름, 가위, 유성 매직, 나무집게, 공작용 눈알

 이렇게 진행해요

나 잡아봐라

① '곤충 주사위 놀이' 그림(166쪽)을 활용해 OHP 필름에 잠자리를 그린다.

② 유성 매직으로 잠자리 무늬를 그린 다음 잠자리 모양을 오린다.

③ 나무집게에 붙인 다음 공작용 눈알을 붙인다.

④ 머리, 옷 등에 핀처럼 꽂고 잠자리가 되어 아래와 같이 '나 잡아봐라 놀이'를 한다.
  - 잠자리의 짝짓기에 관해 설명하고, 그늘을 숲이라고 가정한다.
  - 가위바위보 해서 이긴 사람이 암컷이나 수컷을 선택한다.
  - 수컷은 암컷을 쫓아다닌다.
  - 암컷은 수컷을 피해 다니다가 잡힐 것 같으면 숲(그늘)으로 들어간다. 잠자리가 산이나 들에 있는 것은 짝짓기 할 때가 아니라는 뜻이므로 잡지 않는다.
  - 암컷은 적당한 때가 되면 일부러 수컷에게 잡히고, 역할을 바꿔서 한다.

⑤ 활동이 끝나고 잠자리를 유리창이나 천장에 전시하면 모빌과 같은 효과가 난다.

놓치지 않을 거야! 내 짝꿍

① 암컷 모둠과 수컷 모둠으로 나눈다.

② 각 모둠은 앞사람 허리를 잡고 한 줄로 선다.

③ 수컷 모둠 맨 앞 사람(머리)이 암컷 모둠 맨 뒷사람(꼬리)을 잡으려고 하면 암컷 모둠은 꼬리가 잡히지 않게 피한다. 이때 앞사람의 허리를 놓치면 안 된다.

④ 암컷 꼬리가 잡히면 수컷 꼬리에 가서 붙는다. 암컷 머리까지 잡히면 전체가 잠자리의 짝짓기처럼 하트 모양을 만든다.

잠자리 날개는 얇고 투명한 그물 모양이다. 잠자리는 눈으로 사방의 곤충을 감지하고, 머리를 돌릴 수 있어 뒤에서 접근해도 알아차린다. 곤충은 날개가 두 쌍이지만, 대부분 앞날개로 날아다닌다. 잠자리는 날개 두 쌍을 따로 움직여 상하좌우 이동, 급강하, 급상승, 급선회, 후진 등 비행 중에 가능한 모든 능력을 갖췄고, 속도가 아주 빠르다. 잠자리 턱은 강력하고, 다리는 그물처럼 먹잇감을 움켜쥘 수 있다. 이런 능력으로 모기, 파리, 나방처럼 작은 곤충을 95% 이상 잡을 수 있기에 '모기 학살자'라고도 한다. 잠자리는 다른 곤충과 달리 날개를 접지 못한다. 그래서 잠자리는 몸을 잡거나 바로 놔줘야 한다. 잠자리 날개를 위로 오래 접으면 사람으로 치면 어깨뼈를 부러뜨리는 것과 같아 제대로 날지 못한다.

잠자리 짝짓기

수컷은 짝짓기 전에 배 끝에서 나온 정자를 배가 시작되는 곳에 있는 제2생식기(저장낭)에 옮긴다. 배 끝에 있는 집게처럼 생긴 부속기로 암컷을 낚아채 머리를 잡아야 하기 때문이다. 그러면 암컷은 몸을 구부려 배 끝의 생식기를 수컷의 제2생식기에 댄다. 이렇게 짝짓기 해서 하트 모양으로 날아다니는 잠자리가 자주 눈에 띈다.

짝짓기 한 뒤에도 붙어 있는 까닭은 수컷이 자기 유전자를 남기기 위함이다. 짝짓기를 통해 암컷의 생식기에 들어가도 다른 수컷이 먼저 짝짓기 한 수컷의 정자를 긁어내고 자기 정자를 채우거나, 긁어내지 않더라도 차례로 정자가 채워져 마지막에 짝짓기 한 수컷이 아빠가 된다. 그래서 수컷은 짝짓기 할 때 암컷을 잡고 자기 알을 낳을 때까지 지켜본다.

어른벌레가 된 잠자리는 산이나 들에서 여름을 보낸다. 가을이 되면 물가로 내려와 짝짓기 하고 물속에 알을 낳은 뒤 생을 마감한다. 가을에 잠자리가 많이 보이는 까닭이다.

05

근육 맨, 매미

 무엇을 배우나요?

매미의 생태를 이해하고 놀이에 참여한다.

 이렇게 준비해요

나뭇잎, 가위, 공작용 눈알, 양면테이프, 색종이, 풀, 모자나 바통

 이렇게 진행해요

매미처럼 매달리기

매미처럼 나무에 매달려서 누가 오래 버티나 겨룬다. 주변에 나무가 어린이 수보다 적으면 모둠별로 순서를 정해서 매달리고, 나머지는 응원한다. 나무에 매달리기 어려운 상황이면 실내 클라이밍 시설을 이용해도 좋다.

 매미의 힘

사람은 오래 매달리면 에너지 낭비가 많아 힘이 빠지기 쉽다. 매미는 이마 근육이 발달하고 발에는 에너지 낭비가 거의 없을 만큼 발달한 갈퀴가 있다.

매미야, 높이높이

① 매미가 어떻게 나무에 붙어 있는지 알아본다.

② 나뭇잎을 꼬리와 날개 모양으로 자르고, 머리 부분을 두 번 정도 말아 매미를 만든 다음 공작용 눈알을 붙인다.

③ 매미 뒤에 양면테이프를 붙인다.

④ 선생님이 정한 나무에 점프해서 매미를 붙인다.

※ '매미야, 높이높이'는 키가 큰 사람이 유리하다. '림보 놀이'는 키가 작은 사람이 유리하다는 점을 인지시켜 불평이 없게 한다.

매미야, 울어라

① 색종이를 접어 매미를 만든다.

② 종이 피리를 만들고, 부는 쪽을 납작
하게 누른다.

③ ①에 ②를 붙인다.

④ 근육 맨 매미처럼 배에 힘을 주고 입
술에서 바람이 새지 않게 분다. 누구
울음통이 클까?

🐦 매미의 울음통

수컷의 배 밑 안쪽에 'V 자' 모양 굵은 근육이 있는데, 이 발음기관으로 엄청난 소리를 낸다. 암컷은 소리를 내지
못해 '벙어리 매미'라고 한다.

🐦 종이 피리 만들기

① 색종이를 삼각형으로 잘라 연필을 대고 빨대처럼 감는다(플라스틱 빨대보다 종이 빨대를 사용한다. 플라스
틱 빨대는 물에 녹지 않아 바다에 떠다니면 수많은 해양 생물이 고통을 겪고, 플라스틱은 잘 썩지 않기 때문
에 대기와 토양에도 오염을 일으킬 수 있다).

② 마지막에 풀칠해서 풀리지 않게 한 다음 연필을 뺀다.

③ 부는 쪽을 납작하게 한 다음 가볍게 누르며 배에 힘을 주고 분다. 불다 보면 요령이 생긴다. 소리를 내지 못
하는 사람은 암컷 매미이기 때문이라고 격려한다.

매미 술래잡기

① 전체 인원에서 1/5을 술래로 뽑는다.

② 술래는 모자를 쓰거나 바통을 들고 다닌다.

③ 어린이들은 술래를 피해 다니다가 술래가 치려고 하면 벽에 달라붙는다.

④ 술래가 벽에 붙은 친구(매미) 앞에 가서 큰 소리로 "매미"라고 외치면 매미는 "매애애앰" (한 박자 간격으로) "맴 맴 맴 맴" 운다. 울음이 끝나면 술래가 매미를 칠 수 있다.

⑤ 술래가 아닌 사람이 벽에 붙은 매미가 다 울기 전에 쳐주면 도망칠 수 있다.

⑥ 매미가 도망칠 때 술래가 쫓아와서 치면 술래가 바뀐다.

✻ 강당이나 실내에서도 할 수 있는 술래잡기다. 벽에 붙어 "맴맴" 소리 내는 모습이 재미있고, 활동적인 놀이다.

매미의 한살이

- 알 : 암컷이 나무껍질에 알을 낳으면 1년 뒤에 부화한다.
- 애벌레 : 부화한 애벌레는 땅속으로 들어가 나무뿌리의 즙을 먹고 여러 차례 탈바꿈하며 평균 5년 정도 지낸다. 성숙한 애벌레는 맑은 날 땅 위로 올라와 나무에 매달리고, 껍질을 벗는 데 2~6시간 걸린다.
- 어른벌레 : 껍질을 벗고 나온 매미는 몸을 말리자마자 날아다니며 울기 시작한다. 앞날개와 뒷날개 모두 발달해 날기에 적합하다. 어른벌레는 한 달 정도 산다.

06

비슷한 듯 서로 다른 곤충

 무엇을 배우나요?

생김새가 비슷한 곤충의 특징을 알고 구별해 곤충을 만든다.

 이렇게 준비해요

찰흙, 지시어를 쓴 종이

 이렇게 진행해요

① 생김새가 비슷한 곤충에 관해 설명하고, 모둠에 찰흙을 두 덩이씩 나눠준다.

② 모둠별로 지시어를 쓴 종이를 주고, 그에 해당하는 곤충 두 마리를 찰흙으로 빚어 나무에 붙인다.

③ 선생님과 함께 돌면서 어떤 곤충인지 맞히고, 곤충의 특징이 잘 드러나는지 살펴본다.

나비

나방

매미

노린재

벌

파리

여치

메뚜기

※ 지시어는 수준에 따라 다음 설명 자료와 함께 주거나, 비슷한 곤충 목록만 주고 놀이해도 된다.

꽃무지와 풍뎅이

꽃무지	풍뎅이
딱지날개를 접고 옆으로 속날개만 펴서 날기 때문에 던지면 떨어지다가 날아간다.	딱지날개와 속날개를 같이 펴서 날기 때문에 던지면 조금 있다가 떨어진다.

벌과 파리

벌	꽃등에(파리류)
• 더듬이가 길다. • 날개가 두 쌍이다. • 개미허리가 특징. 허리가 가늘수록 기생벌이다.	• 더듬이가 거의 없는 것처럼 짧다. • 날개가 한 쌍이고, 뒷날개는 퇴화해 균형을 잡아 주는 평균곤이 됐다. • 벌을 흉내 내 천적에게서 자신을 지킨다.

나비와 나방

나비	나방
• 주로 날개를 접고 앉는다. • 앞날개와 뒷날개가 떨어져 있다. • 더듬이 : 곤봉 모양 • 주로 낮에 활동한다. • 몸이 길고 날씬하다.	• 주로 날개를 펴고 앉는다. • 앞날개와 뒷날개가 날개 걸이로 연결된다. 날개를 접으면 걸이가 빠져서 날지 못한다. • 더듬이 : 수컷은 빗살 모양 / 암컷은 실 모양 • 주로 밤에 활동한다. • 몸이 짧고 통통하다.

잎벌레와 무당벌레

잎벌레	무당벌레
• 더듬이가 길고 곧다. • 무당벌레보다 다리가 길다. • 먹이 : 식물의 잎이나 꽃 • 무당벌레를 흉내 내 천적에게서 자신을 지킨다.	• 더듬이가 짧고 'Y 자' 모양으로 휘었다. • 다리가 짧다. • 먹이 : 진딧물, 깍지벌레 등

여치와 메뚜기

	여치	메뚜기
더듬이	몸길이보다 길고 가늘다.	몸길이보다 짧고 굵다.
고막	앞다리 종아리마디에 있다.	배의 첫 번째 마디에 있다.
소리	앞날개를 비벼서 낸다.	앞날개와 뒷다리를 긁어서 낸다.
짝짓기	• 암컷이 위에 있다. • 정자주머니를 외부에 붙여 전달하고, 알을 한 개씩 낳는다.	• 수컷이 위에 있다. • 정자주머니를 직접 전달하고, 알을 거품으로 싸서 한꺼번에 낳는다.

매미와 노린재

매미	노린재
• 날개가 두 쌍이다. • 겹눈이 한 쌍, 홑눈 세 개가 삼각형이다. • 나무의 물관에 주둥이를 꽂아 빨아 먹는다. • 중력을 견디기 위해 이마 근육이 발달했다.	• 앞날개가 가죽질과 그물질이다. • 작은방패판은 삼각형으로 가슴을 덮는다. • 먹이에 소화액을 넣어 액체로 만든 다음 주사기처럼 생긴 주둥이로 빨아 먹는다.

왕잠자리와 실잠자리

왕잠자리과	실잠자리과
• 겹눈이 붙어 있다. • 날개를 펴고 앉는다. • 앞날개가 뒷날개보다 크다. • 잠자리류에서 덩치가 크고, 나는 속도가 빠르며 고공비행도 많이 한다.	• 겹눈이 떨어져 있어 시야 확보에 유리하다. • 날개를 접고 앉는다. • 앞날개와 뒷날개 크기가 거의 같다. • 잠자리류에서 덩치가 작고, 나는 속도가 느리다.

지금까지 알려진 곤충이 약 100만 종인데, 실제로 지구에 사는 곤충은 훨씬 많다고 본다. 곤충의 특징은 다음과 같다.

① 몸은 머리, 가슴, 배로 이어진 세 칸 기차다.

② 더듬이 두 쌍, 다리 세 쌍, 날개 두 쌍이다.

③ 뼈 옷을 입고 산다. 뼈 옷은 외골격으로, 몸 바깥쪽을 둘러싸고 몸을 지지하거나 보호한다.

④ 더듬이가 감각기관 역할을 대신한다.

⑤ 한살이가 짧아서 번식력이 어마어마하다.

⑥ 생존 전략이 다양하다.

⑦ 대부분 다른 곤충의 먹이를 건드리지 않는다.

　곤충은 숨바꼭질을 잘한다. 꼭꼭 숨어 천적이 쉽게 발견하지 못하도록 위장과 변장을 한다. 곤충이 가장 많이 사용하는 방어 방법이 숨기다. 주위 환경과 몸빛을 맞추거나, 몸을 주변의 자연물과 닮게 만든다. 위험을 느끼면 나뭇가지처럼 꼿꼿이 서는 자벌레, 꽃잎을 닮은 난초사마귀 등이 있다. 메뚜기는 개구리처럼 주변 환경이나 먹이, 온도에 따라 몸빛이 다르다.

　무당벌레, 바구미, 잎벌레 등 딱정벌레 무리는 위험을 느끼면 죽은 척한다. 뒤집힌 채 꼼짝하지 않아 정말 죽은 듯 보인다. 벌레를 잡아먹으려고 온 새들이 아무리 건드려도 움직이지 않으니 흥미를 잃고 가버린다. 무당벌레와 노린재 등은 고약한 냄새를 내뿜고, 올빼미나비는 올빼미 눈을 닮은 날개를 펴서 깜짝 놀라게 한다.

　곤충마다 활동하는 계절이 다르다.

봄에는 꽃이나 나무줄기에서 먹이를 찾아 분주하게 움직이는 곤충이 많다. 봄에 활동하는 대표적인 곤충, 나비에 대해 알아보자. 나비는 낮에 활동하는 곤충으로, 머리에 더듬이 한 쌍과 겹눈 두 개가 있고, 가슴에 대칭 구조 무늬가 화려하고 커다란 잎 모양 날개가 두 쌍 있다. 날개에 묻은 비늘 가루가 특정 빛을 반사하고 나머지 빛을 흡수해서 아름다운 색깔을 띤다. 비늘 가루 덕분에 천적에게 붙잡히거나 거미줄에 걸려도 달아날 수 있다.

　여름은 곤충이 가장 활동하기 좋은 시기로, 수많은 곤충이 눈에 띈다. 파리와 모기는 말할 것도 없고, 나무에서 울어대는 매미, 물에 사는 곤충까지 활발히 활동한다.

가을에 곤충은 몸빛이 여름보다 짙어지거나 갈색으로 변해서 주변 환경에 적응한다. 대표적인 가을 곤충은 메뚜기와 귀뚜라미, 잠자리다. 메뚜기 무리는 방아깨비와 풀무치 등을 포함하며, 초식성이다. 귀뚜라미는 야행성으로, 다른 곤충이나 식물을 먹는다. 잠자리는 물속이나 습기가 있는 땅에 알을 낳아 애벌레 시기까지 물가에 살다가, 가을이 되면 짝짓기를 위해 산이나 들로 이동한다.

겨울에 곤충은 썩은 나무나 땅에 알을 낳거나, 번데기나 애벌레 상태로 겨울잠을 잔다. 겨울에는 곤충도 먹이를 구하기 어렵기 때문이다.

최근 난개발과 살충제나 폐수 등 오염원으로 곤충 수가 줄어들고, 기후변화로 곤충이 활동하는 계절이 맞아떨어지지 않는다. 많은 생명과학자가 곤충이 사라져 망가진 생태계는 곧 인간의 위기가 될 거라고 경고한다.

하루살이는 이름처럼 정말 하루만 살까?

하루살이는 다소 원시적인 곤충이다. 수명은 평균 1년부터 긴 것은 3년이며, 애벌레로 지내기 때문에 하루만 사는 건 아니다. 어른벌레로 지내는 기간이 일주일 내외로 짧아 하루살이라고 부르는 모양이다.

신기한 동물의 세계

9

활동 목표	여러 가지 동물을 특징에 따라 분류하고, 생김새와 생활 방식을 알아본다.
시기	사계절
주요 활동	1. 발자국, 너는 누구니? 2. 새가 되어볼까? 3. 육·해·공 놀이 4. 나무를 찾는 동물 5. 둥지 지키기 무한 도전 6. 신기한 동물의 세계 7. 멀리멀리 뛰어라 8. 느리게 느리게

학년군	내용 요소	성취 기준
1~2	인간과 동물의 조화	[2즐 08-03] 동물 흉내 내기 놀이를 한다.
3~4	자연과 생명에 대한 경외심	[4과 01-02] 여러 가지 동물을 특징에 따라 분류하고, 생김새와 생활 방식을 알아본다. [4과 10-01] 동물별로 암수의 특징을 비교하고, 번식 과정에서 암수의 다양한 역할을 설명한다.
5~6	생태계 보호	[6실 04-01] 가꾸기와 기르기의 의미를 이해하고, 동식물 자원의 중요성을 설명한다. [6과 05-03] 생태계 보전의 필요성을 인식하고, 우리가 할 수 있는 일에 대해 토의한다.

교육과정은 우리 주변에서 보기 쉬운 동물이나 어린이들이 좋아하는 동물을 중심으로 특징을 이해하면서 호기심과 흥미를 갖도록 구성된다. 동물의 사진 자료를 가지고 생김새 같은 형태적인 특징으로 분류하고, 생활 방식이 환경과 관련됨을 알게 한다.

이 책은 교과서로 동물의 생김새와 사는 방식에 관한 이론적인 학습을 하고, 놀이를 통해 동물의 생활 방식을 이해하도록 도와주는 활동으로 구성했다. 동물 세계의 신비함을 들여다볼 수 있는 동물을 선정해 호기심과 관심을 유발하는 최종 목표를 달성하도록 했다.

01

발자국, 너는 누구니?

 무엇을 배우나요?

발자국으로 어느 동물인지 추측하고, 동물의 걸음걸이를 흉내 낸다.

 이렇게 진행해요

선생님이 동물 울음소리를 내면 동물의 다리 개수대로 모인다. 어린이 나이에 따라 울음소리 대신 동물 이름을 말해주기도 한다.

<code>예시</code> 뻐꾹뻐꾹(뻐꾸기) 2명, 멍멍(강아지) 4명, 개굴개굴(개구리) 4명, 맴맴맴(매미) 6명, 윙윙(벌) 6명, 문어 8명, 거미 8명

동물의 발자국

① 두 모둠으로 나눠 줄을 선다.

② 발바닥으로 걷는 동물과 발가락으로 걷는 동물이 있음을 설명한다.

③ 반환점에 갈 때까지 발가락으로, 돌아올 때는 발바닥으로 뛰거나 걷는다.

가재걸음, 게걸음

① 시작점을 정해 단체 놀이로 하거나, 모둠을 나눠 이어달리기한다.

② 누가누가 가재처럼 뒷걸음질 잘 치나?

③ 누가누가 게처럼 옆으로 빨리 걷나?

새 걸음

① 다 같이 비둘기와 참새, 까치처럼 걷는 연습을 해본다(새들이 걷는 모습 동영상을 보고 놀이를 진행하면 좋다).

② 가위바위보 해서 이긴 사람은 비둘기, 진 사람은 참새처럼 걷는다. 가위로 이기면 참새, 바위로 이기면 비둘기, 보로 이기면 까치처럼 걸어서 반환점을 돌아오는 식으로 난도를 높여본다.

③ 새는 하늘을 날지만 땅 위를 걷기도 한다. 어치와 참새, 박새는 두 발을 모아 깡충깡충 뛰어다니고, 비둘기와 꿩은 두 발로 번갈아 걷는다. 까치와 까마귀는 두 발 뛰기와 번갈아 걷기 모두 한다.

02

새가 되어볼까?

 무엇을 배우나요?

자연에서 새들이 살아가는 방법을 체험하며 공감 능력을 향상한다.

 이렇게 진행해요

새의 시선으로 달리기

① 목표 지점에 갈 때는 양손을 모아 눈과 눈 사이에 놓고 달리고, 돌아올 때는 자연스럽게 달린다.

② 달리고 나서 느낌을 이야기 나눈다.

'하늘 걷기 거울' 활용

- 예산이 되면 '하늘 걷기 거울'을 준비해 새의 시선으로 풍경을 보자.
- 거울을 코에 대고 거울에 비친 하늘 보기(뱀·애벌레 되어보기)
- 거울을 뒤집어서 눈썹과 눈썹 사이에 대고 거울에 비친 땅 보기(새 되어보기)

새 흉내 내기

① 새의 특징, 날갯짓, 날아가는 모습, 먹이를 먹는 모습 등에 관해 이야기한다.

② 참새나 비둘기, 까마귀, 까치, 딱따구리 등 주변에서 흔히 들을 수 있는 새소리를 들려준다.

③ 선생님이 새소리를 내면 해당하는 새 이름 글자 수만큼 모둠원을 구성하고, 그 새의 날갯짓이나 걷는 모습 등을 흉내 낸다.

- 깍깍(까마귀) 3명 : 팔을 옆으로 반쯤 뻗어 노를 젓듯이 앞에서 뒤로 돌리며 날갯짓한다.
- 꽥꽥(오리) 2명 : 뒤뚱뒤뚱 걷거나 작은 날개로 빠르게 날갯짓한다.
- 끼룩끼룩(기러기) 3명 : 날개가 크고 날갯짓이 느리다.
- 딱따르르륵(딱따구리) 4명 : 부리로 나무에 구멍을 내고, 'S 자' 모양으로 접영을 하듯 난다.
- 짹짹(참새) 2명 : 두 발로 껑충껑충 뛰듯이 걷는다.

④ 선생님이 새 이름을 부르면 글자 수만큼 모둠원을 구성하고, 새소리를 흉내 낸다.

예시 비둘기(구구구구), 부엉이(부엉부엉), 병아리(삐악삐악), 닭(꼬끼오)

오리

두루미

텃새와 철새

새는 먹이가 풍부한 곳을 찾아 이동한다.

- 텃새 : 1년 동안 거의 한 지역에 살며 번식한다. 참새, 까마귀, 직박구리, 어치, 딱새, 박새, 올빼미, 흰뺨검둥오리, 노랑턱멧새 등.
- 여름새 : 봄부터 초여름에 남쪽에서 날아와 번식하고 가을에 남쪽으로 날아간다. 호랑지빠귀, 되지빠귀, 흰배지빠귀, 긴꼬리딱새, 팔색조, 두견이, 파랑새, 뻐꾸기 등.
- 겨울새 : 가을에 북쪽에서 날아와 겨울을 보내고 이듬해 봄에 북쪽으로 가서 번식하고 여름을 보낸다. 황오리, 두루미, 기러기 등.
- 나그네새 : 우리나라에 잠시 쉬었다가 가는 도요새, 물떼새 등.

새의 특징

- 깃털이 있는 유일한 동물이다.
- 체온을 스스로 일정하게 유지하는 항온동물이다.
- 알을 낳고 날기에 적합하도록 뼈가 가볍고, 뼛속은 벌집처럼 텅 빈 구조다.
- 가슴과 배에 공기주머니(기낭)가 있어 나는 데 도움이 되며, 공기가 부족해도 호흡을 원활하게 한다.
- 서식지 환경이나 식성에 따라 부리가 다양하게 진화했다.

새가 나는 방법

사람마다 걸음걸이가 다르듯이 새도 자세히 보면 날갯짓이 제각기 다르다. 예를 들어 독수리나 솔개 등은 상승기류를 타면 날갯짓을 거의 하지 않고 정지 비행을 한다.

- 미끄러지듯이 날아가는 파상형 : 비둘기, 직박구리
- 기류를 이용해 날아가는 범형 : 말똥가리, 독수리, 갈매기
- 정지 비행 : 물총새, 쇠제비갈매기, 황조롱이, 독수리, 솔개
- 'S 자' 모양으로 접영 하듯 비행 : 딱따구리
- 거친 파도가 연결해서 밀려오는 것처럼 비행 : 앨버트로스

먹이에 따라 적응하고 진화한 새의 부리

- 맹금(지조) : 짧고 튼튼한 갈고리 모양. 큰 먹이나 고기를 찢기 좋다. 독수리, 매, 황조롱이, 올빼미 등.
- 곡식조 : 짧고 튼튼한 원뿔 모양. 씨앗의 껍질을 벗기거나 부순다. 참새, 콩새, 밀화부리 등.
- 수조 : 편평하고 각질판이 있다. 물이나 진흙을 걸러 먹고, 식물을 잡아채 뜯기 적합하다. 오리, 거위, 고니, 흰죽지 등.
- 식충조 : 가늘고 길며 뾰족하다. 작은 곤충을 주워 먹는다. 제비, 박새, 딱새 등.
- 섭금류 : 길고 구부러졌다. 땅속이나 진흙, 습지를 휘저으며 먹이를 찾는다. 황새, 두루미, 백로, 도요새 등.

Q 새가 내는 소리는 무엇을 뜻할까?

새는 짝을 유혹하는 구애의 신호, 자기 영역을 방어하는 수단, 적의 위치나 먹이의 위치를 알려주는 수단, 때로는 자기들끼리 유대 관계를 위해 소리 낸다.

Q 새는 왜 투명한 유리창과 방음벽에 부딪혀 죽을까?

수많은 야생 조류가 인간이 만든 건물의 유리창과 방음벽에 부딪혀 죽는다. 연구 결과 우리나라에서만 연간 800만 마리가 유리창에 부딪혀 피해를 보는 것으로 추정한다. 새는 유리를 인지하지 못하고 투명한 유리 건너편이나 유리에 반사된 장소로 가기 위해 날다가 유리창에 부딪힌다. 새는 천적을 경계하기 위해 눈이 머리 측면에 있다 보니 시야각이 좁아 유리창 같은 구조물을 잘 인식하지 못한다. 또 새의 두개골은 달걀을 깨뜨리는 정도의 충격으로도 깨지기 때문에 40~72km 속도로 날아가다 유리창에 부딪히면 죽을 수밖에 없다.

03

육·해·공 놀이

 무엇을 배우나요?

동물이 지구의 다양한 곳에 사는 것을 알고 놀이에 참여한다.

 이렇게 진행해요

육·해·공 놀이 1

① 육지·해양·공중 모둠으로 나누고 각자 번호를 준 다음 줄지어 앉힌다.

② 선생님이 "육 해 공 육 해 공…" 하다가 "육" 하면 육지 모둠 1번은 육지에 사는 동물 이름을 말한다.

③ 끝 번호까지 진행하고, 많이 맞힌 모둠을 칭찬한다.

육·해·공 놀이 2 : 누구일까요?

① 육지·해양·공중 모둠으로 나누고, 모둠별로 1m 정도 떨어져 일렬로 앉힌다.

② 육지 모둠은 육지에 사는 동물, 해양 모둠은 물에 사는 동물, 공중 모둠은 하늘을 나는 동물에 해당한다.

③ 선생님이 동물에 관해 설명하면 해당하는 동물 모둠에서 정답을 말한다.

④ 정답을 맞히면 1점, 못 맞히면 1번부터 맞힌 모둠으로 간다. 이때 아무나 가게 하면 못하는 사람을 보내니 주의한다.

⑤ 모둠원 숫자와 점수를 합해 점수가 높은 모둠이 이긴다.

'누구일까요?' 예시

육 나는 물을 찾아 먼 거리를 이동할 때 초식동물과 함께 다녀요. 나는 키가 크고 시력이 좋아서 초식동물이 풀을 뜯는 동안 망을 봐줍니다. 나는 새지만 날지 못하고 달리기를 엄청 잘해요. 새 중에서 알이 제일 크답니다.

나는 누구일까요?

정답 타조

육 육지에 사는 동물 가장 긴 코로 자유롭게 먹이를 먹어요. 이 코는 수백 kg을 들 수 있고, 물을 한 번에 9ℓ 이상 빨아들인다고 합니다. 암컷 위주로 가족 단위 집단생활을 하고, 수컷은 다 자라면 독립해서 혼자 살아요.

나는 누구일까요?

정답 코끼리

육 늑대와 비슷하게 생겼고 이빨이 날카롭지만, 사람을 잘 따르고 영리한 가축입니다. 시력은 인간보다 떨어지는데, 후각이 발달해 사냥, 시각장애인 인도, 군용, 마약·폭약 탐지에 쓰인다고 합니다.

나는 누구일까요?

정답 개

육 체구가 작고 우리 주변에서 흔히 볼 수 있지만, 천적이 없어요. 유연성이 탁월하고, 이빨이 날카로우며, 발톱은 감추거나 드러낼 수 있습니다. 물을 싫어하고 생선을 좋아해요.

나는 누구일까요?

정답 고양이

육 앞 발바닥이 커서 땅을 파기에 적합해요. 땅에 굴을 파고 땅속에 사는 벌레나 지렁이를 잡아먹어요. 땅속에서 생활하기 때문에 눈이 작고 시력이 나빠요.

나는 누구일까요?
정답 두더지

육 몸이 가늘고 길며 다리가 없어 기어 다닙니다. 눈꺼풀이 없고 안구가 투명한 비늘로 덮여 눈을 깜박이지 않아요. 시각과 청각, 미각은 약하지만, 후각이나 진동·열 감지 능력이 뛰어나요. 겨울잠을 잡니다.

나는 누구일까요?
정답 뱀

해 말미잘의 친구입니다. 말미잘에게 다른 물고기를 유인해주고, 먹고 남은 찌꺼기를 주기도 해요. 적에게 쫓길 때는 말미잘 속에 숨는대요.

나는 누구일까요?
정답 흰동가리

해 나는 나보다 몸집이 엄청 큰 곰치의 입안을 구석구석 청소해요. 그래서 '청소○○○'라고 불리지요.

나는 누구일까요?
정답 청소놀래기

해 뒷다리는 물갈퀴가 발달했고, 꼬리가 크고 강해서 헤엄치거나 먹이를 잡을 때 써요. 눈은 밤에 붉은색으로 빛나고 이빨이 날카롭습니다. ○○에게는 입안을 청소해주는 물떼새가 있어요.

나는 누구일까요?
정답 악어

해 나는 바다거북이나 고래, 상어의 몸에 붙어서 머리 위에 난 빨판으로 친구의 몸에 있는 기생충을 먹어요.

나는 누구일까요?

정답 빨판상어

해 낚시터에 가면 거의 빠지지 않을 정도로 우리나라에서 잘 잡혀요. 3급수 이하 더러운 물에서도 살며, 잡식성으로 갑각류, 곤충, 실지렁이 등과 식물도 먹는답니다.

나는 누구일까요?

정답 붕어

해 물고기와 비슷한 모양이지만, 폐호흡을 해요. 새끼는 보통 한 번에 한 마리를 낳습니다. 물속에서 숨을 참았다가 호흡하기 위해 물 위로 나오면서 물을 뿜어냅니다.

나는 누구일까요?

정답 고래

곤 머리가슴에 입틀과 더듬이, 겹눈이 있고, 다리는 네 쌍이에요. 항문 근처에 있는 방적 돌기에서 뽑은 실로 그물을 쳐서 먹이를 잡고 이동합니다.

나는 누구일까요?

정답 거미

곤 몸은 가늘고 길며, 배에 마디가 있고, 앞머리에 큰 겹눈이 한 쌍 있습니다. 날개 두 쌍은 얇고 투명하며 그물 모양이에요. 방향 전환과 속도가 빨라 사냥을 잘하고, '모기 학살자'라고 불리기도 해요.

나는 누구일까요?

정답 잠자리

공 식물의 꽃에서 꽃가루받이하며 집단생활을 합니다. 몸은 머리와 가슴, 배로 나뉘고, 가슴에 날개 두 쌍과 다리 세 쌍이 있어요. 몸 표면에 잔털이 있는데, 점성이 있는 꿀에 달라붙지 않고 꽃가루를 잘 모으기 위해서라고 합니다. 사람이 기르기도 해요.

나는 누구일까요?

정답 꿀벌

공 부리는 짧고 단단해서 곡식을 쪼아 먹기에 알맞아요. 환경오염에 민감하고 모래와 물로 목욕하기를 좋아해, 녹지가 없는 도시에서는 눈에 띄게 줄었다고 해요. 번식이 끝나고 집단으로 겨울을 납니다.

나는 누구일까요?

정답 참새

공 적응력이 강해 어디서나 잘 살고, 도시에서도 자주 눈에 띄어요. 부리가 크고 단단하며, 음식물 쓰레기와 개구리, 물고기 등 못 먹는 게 없을 정도입니다. 우리나라에서는 이것이 울면 반가운 손님이 온다고 해요.

나는 누구일까요?

정답 까치

공 번식력이 강해 전 세계 대도시에서 흔히 볼 수 있어요. 머리가 작아서 멍청해 보일지 몰라도 기억력이 굉장히 좋대요. 머리나 눈에 있는 자성을 띠는 물질 덕분에 방향을 잃지 않아서 통신수단으로도 쓰였다고 합니다.

나는 누구일까요?

정답 비둘기

04

나무를 찾는 동물

 무엇을 배우나요?

- 나무 한 그루에 많은 생물이 살고, 생물 종마다 서식지가 다름을 이해한다.
- 림보 놀이를 통해 높이에 따라 다른 생물의 생활권을 알아본다.

 이렇게 준비해요

생활권 표시판, 굵은 실이나 줄, 테이프

 이렇게 진행해요

① 높이에 따른 생활권 표시판을 준비한다.
② 생활권 표시판을 나무에 고정하고, 두 사람이 줄 양 끝을 잡고 선다.
③ 높은 곳부터 한 사람씩 줄 아래로 통과한다.
④ 모두 통과하면 생활권에 관한 이야기를 덧붙이며 줄을 조금씩 낮춘다.
⑤ 실내에서 할 때는 출입문에 생활권 표시판을 붙인다. 인원이 많으면 두 모둠으로 나눠 교실 앞문과 뒷문에서 한다.
⑥ 걸리지 않고 통과하기, 통과한 뒤 손이나 무릎이 바닥에 닿지 않기 등 규칙을 정해도 재미있다.

참고하세요

자연은 광활한 공간으로 수많은 생명이 살아간다. 나무 위에는 동물이 별로 살지 않을 것 같지만, 잎과 가지가 복잡하게 얽히고 꽃과 열매 같은 먹이가 풍부하며 포식자를 피하기에도 유리해서 원숭이나 새, 뱀 같은 동물이 많이 산다.

❀ 부록 355쪽에 생활권 표시판이 있습니다.

땅에 사는 동물의 생김새와 생활 방식

땅 위에 사는 동물(고라니, 여우 등)과 땅속에 사는 동물(두더지, 지렁이 등), 땅 위와 땅속을 오가며 사는 동물(뱀, 개미 등)로 나눈다. 땅 위에 사는 동물은 서식 환경에 따라 생김새가 다양하다. 사막여우는 귀가 매우 크고 귓속에 털이 많아 모래바람이 불어도 모래가 잘 들어가지 않는다. 땅 위에 사는 동물은 땅에서 구할 수 있는 자연물을 이용해 집을 짓기도 하고, 먹이로 삼기도 한다.

두더지의 앞 발바닥은 매우 커서 땅을 파기에 적합하다. 두더지는 땅에 굴을 파고 땅속에 사는 곤충이나 지렁이를 잡아먹는다. 땅속에서 생활하기 때문에 눈이 작고 시력이 나쁘다. 개미도 땅속에 집을 짓고 산다. 여왕개미가 처음 자리 잡은 곳에서 시작해 개체 수를 늘리고, 협동해서 집을 확장한다. 일개미는 날개가 없지만, 수개미와 공주개미는 날개가 있다. 공주개미는 교미를 위한 혼인비행이 끝나면 날개를 떼고 여왕개미가 된다.

이동 방법에 따라 다리가 있어서 걷거나 뛰어다니는 동물, 다리가 없어서 기어 다니는 동물로 나눈다. 다리가 없는 동물은 몸이 가늘고 길며, 배를 이용해 기어 다닌다. 뱀의 피부는 일정한 방향으로 비늘이 덮여 있는데, 이동할 때 배에 있는 비늘이 도움을 준다.

우리나라 야생동물 중 구별이 어려운 동물의 특징 알기

초등학교 3학년 '동물의 생활'에서 분류 기준을 정해 동물의 생김새 같은 형태적인 특성, 생활 방식에 따라 분류하는 활동을 한다. 공통점과 차이점을 찾으며 동물에게 호기심을 갖도록 지도한다.

오소리와 너구리

오소리	너구리
• 발가락 다섯 개, 날카로운 갈고리발톱이 길다.	• 발가락 네 개, 발가락 길이는 보통
• 굴 파기의 달인	• 발바닥이 검은색
• 흰 발바닥이 곰 발바닥과 비슷하다.	• 코가 검은색이고 주둥이가 뾰족하다.
• 코가 살구색, 얼굴은 검은색과 흰 띠가 뚜렷하다.	• 등 쪽 정중선과 앞다리에 띠가 있다.
• 털이 회색과 갈색, 배 쪽은 암갈색	• 털이 황갈색
• 털이 거칠고, 끝은 가늘고 뾰족하다.	• 털이 길고 부드럽다.
• 귀가 큰 편	• 귀 크기가 보통
• 산간 지역에 서식한다.	• 산에서 저지대까지 다양하게 서식한다.
• 오소리 쓸개가 좋다는 속설 때문에 밀렵으로 멸종 위기	• 학명이 '밤에 돌아다니는 개', 야행성

다람쥐와 청설모

다람쥐	청설모
• 갈색 털, 머리 옆과 등에 줄무늬가 있다. • 땅속 깊이 굴을 파서 보금자리를 만들고, 근처에 먹이 창고를 마련한다.	• 회색 털, 다람쥐보다 줄무늬가 없다. • 다람쥐보다 몸집이 크고 꼬리가 길다. • 나무줄기나 나뭇가지 사이에 보금자리를 만든다.

사슴, 고라니, 노루

	사슴	고라니	노루
암컷	• 뿔이 없다. • 새끼를 지키기 위해 암컷끼리 어울리지 않는다.	• 송곳니가 작아서 보이지 않는다. • 입술과 엉덩이에 흰 무늬가 있다.	• 뿔이 없다. • 입술과 엉덩이에 흰 무늬가 있다.
수컷	• 가지 같은 뿔이 있다. • 연 1회 뿔 갈이 • 무리 지어 생활	• 뿔이 없다. • 송곳니가 길게 자란다. • 입술에 흰 무늬가 있다.	• 뿔이 있다. • 송곳니가 없다. • 입술과 엉덩이에 흰 무늬가 있다.

집토끼와 산토끼

	집토끼(rabbit)	산토끼(hare)
원산지	이베리아반도	중국 지린(吉林)성, 한반도 전역
사는 곳	굴을 파고 산다(굴토끼).	굴을 파지 않는다.
새끼	• 14~15마리 • 미성숙 상태로 태어난다. • 한 달 동안 젖을 먹고, 풀을 먹을 때 밖으로 나온다.	• 2~4마리(평균 3마리) • 태어나자마자 눈을 뜨고, 솜털이 있고, 다 자란 형태이며, 바로 움직인다.
서식 환경	• 공원(사람이 키우다 공원에 방사한 경우가 많음) • 길고양이 증가로 개체 수 감소	• 먹이가 많고 몸을 숨길 수 있는 초지, 고산 지대(1500m 이상), 묵밭 • 여우와 살쾡이의 표적
공통점	• 소와 식성이 같다(떨기나무 껍질도 먹음). 종이 번식하면 토지 황폐화. • 수분이 많고 녹색을 띠며 뭉친 물똥(1차 배설물)을 먹는다. 뒷다리가 길어 항문에 입을 대고 똥을 받아먹기 유리하다. • 집토끼와 산토끼는 습성과 유전자가 달라서 교배가 되지 않는다.	

05

둥지 지키기 무한 도전

 무엇을 배우나요?

- 딱따구리와 동고비의 둥지를 지키기 위한 무한 도전 정신을 안다.
- 놀이에 참여하며 협동심을 기르고, 자연스럽게 생물에 관심을 가진다.

 이렇게 준비해요

손수건이나 A4 용지

 이렇게 진행해요

① 딱따구리 모둠과 동고비 모둠으로 나눈다.
② 10분 동안 나뭇잎, 돌멩이, 나뭇가지, 도토리 등 바닥에 떨어진 자연물을 둥글게 쌓아서 둥지를 만든다.
③ 5분 동안 상대 모둠의 자연물을 우리 모둠으로 옮긴다. 이때 손수건이나 A4 용지에 자연물 한 개를 올리고, 두 사람이 손수건 양 끝을 잡고 이동한다.
④ 최종적으로 자연물을 더 높이 쌓은 모둠이 이긴다.

딱따구리가 만든 구멍 모양 둥지는 천적, 비바람, 폭설에도 안전한 요새 같은 구조다. 번식기인 봄에는 숲의 다른 동물이 딱따구리의 둥지를 빼앗으려고 다툼을 벌이기도 한다. 딱따구리는 암수가 교대로 둥지를 짓지만, 동고비는 주로 암컷이 둥지를 짓는다. 작고 힘없는 동고비는 딱따구리 둥지에 다른 동물이 들어오지 못하도록 진흙을 물어다 구멍을 좁혀서 제 몸에 맞게 재건축한다. 딱따구리는 이른 아침 둥지를 나서 먹이 활동을 하다가, 어두워지면 돌아와 잠을 잔다. 집으로 돌아온 딱따구리는 동고비가 손본 집을 부수고, 동고비는 다음 날 다시 짓는다. 생명과학자 김성호 박사가 딱따구리와 동고비가 무한 도전하는 모습을 106일 동안 지켜봤다고 한다.

알을 3~5개 낳는 딱따구리와 달리, 동고비는 4~6월에 일곱 개 정도 낳는다. 딱따구리는 암수가 교대로 먹이를 구하지만, 동고비는 자식을 먹이는 일에 아빠 몫이 크다.

동고비는 암컷과 수컷의 생김새가 같다. 몸 윗면은 잿빛이 도는 청색, 아랫면은 흰색이다. 겨드랑이와 아래 꽁지덮깃에는 밤색 얼룩이 있다. 부리에서 목 뒤쪽으로 검은 눈선이 지난다.

06

신기한 동물의 세계

 무엇을 배우나요?

동물이 생존을 위해 뛰어난 감각을 발달시켰음을 안다.

 이렇게 준비해요

줄, 불투명한 페트병, 젤리, 모자나 팔띠, 반투명한 비닐

 이렇게 진행해요

좋은 터를 찾아 집 짓는 딱따구리

① 나무를 두들겨서 곤충이 많은 곳을 알아내는 딱따
  구리의 생태에 관해 이야기한다.

② 나무 사이에 줄을 건다.

③ 젤리를 넣은 페트병과 넣지 않은 페트병을 매단다.

④ 페트병을 두드려서 젤리가 있는 페트병을 찾아 먹
  는다(페트병이 인원보다 적으면 순서대로 두드려
  젤리가 있는 페트병이 어느 것인지 추측한 다음,
  모두 끝났을 때 동시에 손가락으로 가리킨다).

딱따구리 둥지의 비밀

딱따구리는 나무에 구멍을 뚫고 파 내려가 만든 공간에 둥지를 짓는다. 둥지를 만들기 위해 1초에 10~20번, 하루에 무려 1만 2000번 나무를 쫀다고 한다. 이렇게 해도 뇌진탕에 걸리지 않는 것은 두개골 목 근육과 부리, 혀가 용수철 같은 역할을 해서 충격을 줄이기 때문이다. 딱따구리는 먹이를 찾기 쉽게 나무를 두들겨서 곤충이 많은 곳, 쾌적한 환경을 위해 비바람을 피할 수 있는 방향, 둥지에 빛이 잘 들어오도록 나무와 나무 사이 거리가 넉넉하고 전망이 트인 곳에 둥지를 짓는다. 여러 군데 둥지가 있고 틈만 나면 지어, 한 마리가 최대 다섯 개까지 짓기도 한다. 번식 둥지는 두꺼운 나무를 30㎝ 정도 파고, 잠자리 전용 둥지는 얕게 판다.

전류를 감지하는 오리너구리

① 둘러앉아 옆 사람 손을 잡는다.

② 가위바위보 해서 술래를 뽑는다. 술래는 모자를 쓰거나 팔띠를 하고 전기를 전달한다.

③ 누구나 전기를 보낼 수 있다. 오른쪽으로 보내려면 오른손 엄지손가락으로 옆 사람 왼손을 꾹 누른다. 이때 들키지 않게 한다.

④ 마지막으로 전기를 받은 술래의 양옆 사람은 술래의 등을 가볍게 툭 친다.

⑤ 술래는 "멈춰"라고 외치고 전기를 보내기 시작한 사람을 찾는다. 찾지 못하면 두 번 더 기회를 주고, 못 찾으면 미션을 한다.

⑥ 양쪽에서 동시에 전기가 오면 "감전"이라고 외치고 양옆 사람끼리 가위바위보 해서 진 쪽이 벌칙을 받고 술래가 된다.

오리너구리의 특징

오리너구리는 포유류와 조류, 파충류의 특징을 갖춘 신기한 동물이다. 새끼에게 젖을 먹이는 오리너구리는 알을 낳는다. 너구리나 두더지처럼 생겼지만, 오리 부리 같은 주둥이에 발가락 사이에는 물갈퀴가 있다. 물갈퀴는 물속에서 헤엄을 잘 치게 해주고, 육지로 올라오면 걷기 편하게 접힌다. 오리처럼 생긴 부리로 미세한 전류를 감지해 먹잇감의 위치를 파악하고 사냥한다.

초음파를 발사하는 박쥐

① 일정 구역별로 동굴 역할을 정한다.

② 박쥐를 한두 명 뽑아 반투명한 비닐로 눈을 가려서 사물이 희미하게 보이도록 한다(이때 코와 입은 가리지 않는다). 나머지는 나방 역할을 맡는다.

③ 박쥐는 "박쥐박쥐" 하면서 초음파를 발사하고, 나방은 "나방나방" 하면서 초음파를 반사한다.

④ 박쥐가 손으로 친 나방은 죽고, 죽은 나방은 동굴로 가서 선다.

⑤ 동굴 역할을 하는 사람은 박쥐가 동굴 근처로 오면 "동굴동굴"이라고 위험 신호를 보낸다.

박쥐가 밤에 다니는 이유

박쥐는 포유류 가운데 유일하게 날아다닌다. 새끼를 낳는 쥐 같으면서 새처럼 날아다니는 박쥐는 어둠 속에서 살다 보니 시력이 퇴화했다. 대신 초음파를 발사해 자신이 내보낸 초음파가 곤충에 부딪혀 되돌아오는 것으로 먹이 위치를 확인한다. 박쥐는 야행성이라 낮에는 어두운 굴에서 거꾸로 매달린 채 지내고, 밤에 돌아다니며 나방이나 모기 등을 잡아먹는다. 일부 나방은 박쥐가 보내는 초음파를 알아차리고 경계 초음파를 발사거나 선회 비행을 해서 숨는다. 박쥐는 나방을 잡아 꼬리의 막으로 감싼 뒤 입으로 가져가 먹는데, 경계 초음파를 들으면 놀라 먹지 않고 버린다고 한다.

동물들은 울음소리, 페로몬 냄새, 동작으로 정보를 교환한다. 많은 동물이 사람보다 후각이 뛰어나다. 아프리카코끼리는 멀리서도 코끼리를 사냥하는 부족과 사냥하지 않는 부족을 냄새로 구별하고, 무리 구성원을 소변 냄새로 일일이 구별한다고 한다. 상어는 콧구멍으로 냄새를 맡고 귀로 소리의 방향을 가늠한다. 물과 100만 분의 1로 섞인 피 냄새도 감지한다. 곤충은 페로몬을 뿜어 신호를 주고받는다. 덕분에 수컷은 수 km 떨어진 곳에 있는 암컷을 찾아간다.

철새가 고향을 찾아 수천 km를 이동하는 것은 지구자기장을 활용하기 때문이라고 한다. 코끼리나 대왕고래는 인간이 듣지 못하는 저주파로 소통한다. 저주파는 전달 범위가 넓어, 수백 km 떨어진 곳에 있는 다른 고래와 소통할 수 있다. 새는 시력이 좋다. 타조는 사람보다 4~8배 먼 곳을 볼 수 있다.

인간이 못 보는 자외선까지 보는 벌과 나비가 보는 꽃은 어떤 꽃일까? 사진작가 김정명 씨가 자외선을 감지하는 특수필름과 필터로 사진을 찍어보니, 꽃잎에서 인간의 눈으로 볼 수 없던 무늬가 뚜렷이 나타났다고 한다. 이 무늬는 꿀이나 꽃가루가 많은 쪽으로 가는 길을 가리키는 표지판과 같다.

07

멀리멀리 뛰어라

 무엇을 배우나요?

동물이 살아남기 위해 신체적 한계를 뛰어넘는 점프력과 멀리뛰기 능력을 발달시켰음을 안다.

 이렇게 준비해요

줄자, 동물 그림 푯말(종이 접시와 나무젓가락으로 만든다)

 이렇게 진행해요

누가 멀리 뛸까요?

① 동물의 멀리뛰기 기록표를 보여주며 설명한다.

② 땅바닥에 출발선을 긋고 줄자로 각 동물이 뛸 수 있는 거리에 동물 그림 푯말을 세운다.

③ 한 사람씩 멀리뛰기를 하고 뛴 거리를 기록해 자신의 키와 비교한다.

  • 자신의 키보다 멀리 뛴 사람은?

  • 가장 멀리 뛴 사람은?

멀리뛰기 릴레이

① 키 차이가 골고루 분포되게 모둠을 4~6명으로 구성한다.

② 모둠별 제자리멀리뛰기 순서를 정한다.

③ 순서대로 뛰고, 모둠원 전체의 기록을 더한다. 다른 모둠이 뛸 때 심판을 할 어린이를 모둠별로 추천한다.

④ 우리 모둠이 뛴 거리는 어느 동물의 점프력에 가까운지 비교해본다.

⑤ 제자리멀리뛰기가 끝나면 도움닫기 멀리뛰기를 해도 재미있다.

 참고하세요

동물의 멀리뛰기

동물	멀리뛰기	몸길이와 비교	동물	멀리뛰기	몸길이와 비교
호랑이	5.0m	2.5배	개구리	2.0m	20배
여우	2.8m	2.5배	들쥐	70cm	8배
사슴	11m	4.5배	메뚜기	2.0m	20배
캥거루	10m	7배	벼룩	33cm	100배
족제비	1.2m	4배	여우원숭이	7m	12배
사자	10m	5배	개	11m	5배

※ 버스 길이가 보통 10m다. 즉 사자는 버스 길이만큼 멀리 뛴다.

동물의 높이뛰기

동물	높이뛰기	키와 비교	동물	높이뛰기	키와 비교
퓨마	6m	4배	캥거루쥐	30cm	2배
다람쥐	1.5m	6배	벼룩	18cm	150배
고양이	1.8m	6배	캥거루	1.8m	1.2배
개	1.9m	1.5배	사슴	1.8m	1.2배
임팔라	3m	2배	산토끼	4.5m	6.4배
돌고래	7m	1.6배	영양	7m	10배

※ 나무늘보, 하마, 코뿔소, 코끼리는 높이뛰기를 못 한다.

08

느리게 느리게

 무엇을 배우나요?

느리게 달리기 경주로 천천히 움직이는 동물을 이해한다.

이렇게 진행해요

① 느리게 움직이는 야생동물에 관해 이야기한다.

② 제자리에서 5km, 10km, 20km, 30km… 자동차 속도 달리기로 준비운동을 한다.

③ 거리를 정하고, 가장 느리게 가는 사람이 누구인지 경주한다. 이때 한순간도 멈추거나 뒤로 가지 않고 계속 움직여야 한다.

④ 가장 늦게 도착하는 사람이 이긴다.

번개처럼 빠르게 달리는 동물이 있는가 하면, 움직임이나 활동이 느린 동물도 있다. 천천히 움직이는 동물은 빠르게 움직이는 동물보다 에너지 손실이 적다. 몸 구조상 포식자가 없는 경우 에너지 효율을 높이기 위해 느리게 움직이는 동물이 있다.

세상에서 가장 느린 동물

동물	느린 이유	속도
해마	특이한 몸 구조상 일생 한곳에 있음.	시속 800m
바나나민달팽이	바나나처럼 생겼으며, 주로 지하에 누워 먹고 알을 낳음. 오랜 기간 땅속에서 생존 가능.	시속 300m
코알라	시력이 나쁘고, 천천히 움직임.	시속 9km
코끼리거북	몸무게 약 350kg, 굵은 다리, 무거운 껍질 등 신체 구조상 움직임이 느림.	
정원달팽이	두껍고 꼬인 껍데기 때문에 매우 느림.	시속 47m
불가사리	피가 부족해 에너지가 적고, 몸이 별 모양.	시속 32m
나무늘보	거의 운동하지 않고 에너지 보존.	시속 5~120m

우리 사이 어떤 사이?

10

활동 목표	공생 관계를 맺으며 살아가는 동물에 관해 이야기 나누고, 활동적인 놀이로 생태계의 관계를 이해한다.
시기	사계절
주요 활동	1. 서로 도우며 사는 우리는 친구 2. 도와줘서 고마워 3. 너 때문에 속상해 4. 너 때문에 못살아

학년군	내용 요소	성취 기준
3~4	동물의 생활	[4과 03-02] 동물의 생김새와 생활 방식이 환경과 관련됨을 설명한다.
5~6	관계	[6과 05-01] 생태계가 생물 요소와 비생물 요소로 구성됨을 알고, 생태계 구성 요소가 영향을 주고받음을 설명한다.

교육과정에 제시된 활동 : '봄 친구들을 만나요' '생물과 환경'

벚나무를 관찰하며 개미와 공생 관계에 대해 학습한다. 저학년 아이들에게는 개념 설명보다 놀이를 통해 생태계의 상호작용을 자연스럽게 이해하도록 지도한다. 5학년 2학기 2단원 '생물과 환경'에서는 먹이 관계를 중심으로 생태계를 설명한다. 하지만 자연에서는 먹고 먹히는 관계뿐만 아니라 포식, 초식, 경쟁, 공생, 기생 등 다양한 상호작용을 한다. 각기 다른 두 종이 영향을 주고받을 때 공생 관계라고 한다. 공생 관계에는 서로 다른 두 종 모두 이익을 보는 '상리 공생', 한쪽만 이익을 얻고 다른 한쪽은 이익도 손해도 보지 않는 '편리 공생', 한쪽은 이익을 얻고 다른 한쪽은 피해를 보는 '기생', 한쪽은 피해를 보고 다른 한쪽은 아무 영향을 받지 않는 '편해 공생'이 있다.

지구에는 다양한 생태계가 존재한다. 생태계의 생물은 영향을 주고받는 관계가 있을 수밖에 없다. 특히 움직이지 못하고 제자리에 있어야 하는 식물은 도움을 주고받지 않으면 번식하고 살아가기 어렵다. 꽃을 피워 곤충에게 꽃가루를 제공하고, 달콤하고 화려한 색깔 열매를 조류에게 제공해 씨앗을 퍼뜨리는 것도 공생 관계다.

01

서로 도우며 사는 우리는 친구

 무엇을 배우나요?

도움을 주고받는 상리 공생 관계를 이해한다.

 이렇게 준비해요

돋보기, 집게, 사탕

 이렇게 진행해요

벚나무와 개미

① 벚나무 잎을 하나씩 나눠주거나, 벚나무에서 잎을 돋보기로 관찰하게 한다.

② 잎자루와 잎몸 사이에 무엇이 있는지 질문하고, 벚나무와 개미의 공생에 관해 이야기한다.

③ 6~8명으로 모둠을 나누고, 벚나무와 개미가 한 명씩, 나머지는 애벌레가 된다.

④ 벚나무에 집게로 꿀샘(사탕)을 달아주고, 개미는 애벌레가 잎을 먹지 못하게 보호한다.

⑤ 애벌레는 개미 손에 닿으면 죽는다.

⑥ 놀이가 끝나면 벚나무는 애벌레를 잘 막아줘 고맙다고 개미에게 사탕을 준다.

⑦ 놀이하고 어떤 느낌이 드는지 벚나무 역할을 한 사람, 개미 역할을 한 사람, 애벌레 역할을 한 사람 이야기를 들어본다.

개미와 진딧물

① 한 명이 진딧물의 천적인 무당벌레가 된다.

② 맨 앞에 개미, 그 뒤로 진딧물(3~8명)이 앞사람 허리를 잡고 앉는다.

③ 한쪽에 있던 무당벌레가 움직이기 시작하면 일제히 "무당벌레가 떴다, 진딧물 감춰라!" 하고 일어선다.

④ 맨 앞에 선 개미는 무당벌레가 가는 데마다 막아서 붙잡으려고 한다.

⑤ 진딧물은 개미와 앞사람 허리를 붙잡고 늘어서서 무당벌레를 피한다.

⑥ 무당벌레가 꼬리 부분의 진딧물을 잡으면 잡힌 진딧물이 무당벌레가 되고, 무당벌레는 개미가 된다. 무당벌레를 늘려서 할 수도 있다.

 참고하세요

벚나무와 개미의 상리 공생

대부분 꿀샘(밀선) 하면 꽃을 떠올리지만, 잎에도 꿀샘이 있다. 잎이나 잎자루에 꿀을 저장하는 작은 사마귀 같은 것이 꿀샘이다. 꿀샘은 우리 눈에는 보이지 않지만, 구멍이 뚫려 있다.

꿀샘을 왜 만들까? 나무는 꽃 안팎에 꿀샘을 만들어 자신을 지킨다. 꿀샘은 개미를 불러 해충을 쫓아낸다. 꽃가루받이를 위해 '꽃안꿀샘'을 만들었다면, '꽃밖꿀샘'은 식물이 보디가드를 고용하고 그 대가를 지불하기 위해 만든 기관이다. 꿀샘에 단물이 이슬처럼 맺히면 개미가 찾아와 먹고, 이 나무를 보호한다. 즉 개미가 벚나무의 보디가드다. 식물은 꿀샘을 만들거나 꽃가루를 주는 등 다양한 방식으로 어울려 살아간다.

개미와 진딧물의 상리 공생

개미는 다른 곤충의 공격을 막고, 진딧물은 맛있는 영양분을 제공하는 관계다. 진딧물은 나뭇진을 빨아 먹고, 개미는 진딧물이 내놓는 당분(영양 많은 배설물)을 받아먹는다. 이때 무당벌레 같은 진딧물의 천적이 오면 개미는 개미산을 내뿜어 쫓아버린다. 개미는 더 많은 당분을 안전하게 먹을 수 있도록 진딧물 떼를 이리저리 몰고 다니기도 한다.

02

도와줘서 고마워

 무엇을 배우나요?

한쪽이 어떤 생활상의 이익을 얻고, 다른 쪽은 이익이나 불이익을 받지 않는 편리 공생 관계를 이해한다.

 이렇게 진행해요

상어와 빨판상어

① 일정한 구역을 정하고, 빨판상어의 천적 갈매기를 한 명 뽑는다.

② 상어는 두 사람씩 짝지어 손을 맞잡고 다닌다.

③ 나머지는 빨판상어가 되는데, 상어보다 2~4명 많아야 한다.

④ '시작' 신호에 따라 갈매기는 빨판상어를 잡으러 간다.

⑤ 빨판상어는 도망치다 위험하면 상어 속(두 사람이 맞잡은 손안)으로 들어가 숨는다.

⑥ 갈매기가 멀어지면 빨판상어는 상어 중 한 사람을 밀어내고 손을 맞잡는다. 밀려난 사람은 빨판상어가 된다.

⑦ 갈매기가 상어 밖에 있는 빨판상어를 치면 갈매기가 되고, 갈매기는 빨판상어가 된다.

⑧ 한 마리 더 늘려서 해본다.

 참고하세요

한쪽만 이익을 얻고 다른 쪽은 이익이나 피해가 없는 경우 편리 공생이다.

- 빨판상어와 바닷속 대형 어류 : 상어, 가오리 같은 대형 어류는 헤엄치면서 먹이를 먹는 경우가 많다. 그러다 보니 찌꺼기를 흘리는데, 빨판상어는 머리의 빨판으로 달라붙어 이 찌꺼기를 받아먹는다.
- 어치와 개미 : 어치는 자기 몸에 개미 떼가 기어오르게 해서 목욕과 비슷한 행위를 한다. 이 과정에서 개미는 이득이나 피해가 없다.
- 기린과 다른 초식동물 : 기린의 넓은 시야를 이용해 위험을 탐지한다.

220

• 황로와 초식동물 : 초식동물이 풀을 뜯어 먹거나 움직일 때 놀라 뛰거나 날아오르는 곤충을 잡아먹는다. 황로는 먹이를 편하게 잡을 수 있지만, 초식동물에게는 아무 피해나 이득이 없다.

03

너 때문에 속상해

 무엇을 배우나요?

한쪽이 어떤 생활상의 이익을 얻고, 다른 쪽은 손해를 보는 기생 관계를 이해한다.

 이렇게 진행해요

뻐꾸기와 붉은머리오목눈이

① 두 모둠으로 나누고, 나뭇가지와 돌멩이 등 자연물로 둥지를 만든다.

② 가위바위보 해서 이긴 모둠이 뻐꾸기, 진 모둠은 붉은머리오목눈이(뱁새)가 된다.

③ 각 모둠은 어미 새를 뽑고, 어미 새는 아기 새에게 알이라고 생각하는 자연물을 하나씩 찾아 가져오게 한다.

④ 붉은머리오목눈이 모둠은 아기 붉은머리오목눈이들이 가져온 자연물을 둥지에 넣는다.

⑤ 어미 붉은머리오목눈이가 잠깐 눈을 감고 뒤돌아 앉는다. 이때 어미 뻐꾸기가 붉은머리오목눈이 둥지의 자연물을 하나 버리고 아기 뻐꾸기들이 가져온 자연물 중 하나를 놓는다. 어미 뻐꾸기는 자연물을 바꿀 때 어떻게 하면 들키지 않을지 생각해야 한다. 놀이에서 이기려면 최대한 비슷한 자연물을 놓는 전략이 필요하다.

⑥ 어미 붉은머리오목눈이는 어미 뻐꾸기가 놓은 자연물이 어느 것인지 맞힌다. 못 맞히면 뻐꾸기가 탁란에 성공한 것이다. 어미 붉은머리오목눈이가 뻐꾸기 알을 찾을 때 모둠원이 알려주지 않도록 한다.

⑦ 역할을 바꿔서 해보고 뻐꾸기의 탁란에 관해 이야기한다.

 참고하세요

탁란은 다른 새의 둥지에 알을 낳아 대신 품어 기르도록 하는 것이다. 자신보다 덩치가 작은 새에게 탁란할 경우, 탁란조 새끼가 먼저 부화해서 다른 알을 둥지 밖으로 떨어뜨린다. 간혹 탁란조 새끼와 탁란 대상 새의 알이 동시에 부화하기도 하는데, 탁란조 새끼의 체격과 힘이 압도적이라 결과는 바뀌지 않는다. 여름새인 뻐꾸기는 붉은머리오목눈이 둥지에 알을 낳는

다. 뻐꾸기 알이 훨씬 크지만, 색으로 알을 구분하는 붉은머리오목눈이는 뻐꾸기 알을 부화시키고 키운다.

04

너 때문에 못살아

 무엇을 배우나요?

공생과 반대로 한쪽이 일방적으로 먹이가 돼서 쫓고 쫓기는 천적 관계를 이해한다.

 이렇게 진행해요

고양이와 쥐

① 고양이와 쥐를 한 명씩 뽑는다.

② 나머지는 세 명씩 팔짱을 끼고 나란히 선다.

③ 고양이가 "쥐를 잡자, 야옹" 하며 다니고 쥐는 도망친다.

④ 쥐는 위험하면 세 명이 나란히 선 오른쪽이나 왼쪽으로 가서 붙는다. 이때 쥐가 왼쪽에
   붙으면 맨 오른쪽 사람이 쥐가 되고, 오른쪽에 붙으면 맨 왼쪽 사람이 쥐가 되어 도망
   친다.

⑤ 쥐가 잡히면 고양이가 되고, 고양이는 쥐가 되어 다시 시작한다.

너구리 닭 잡기

① 너구리와 닭을 한 명씩 뽑는다.

② 나머지는 손을 잡고 둘러서서 울타리를 만든다.

③ 닭은 원 안에 있고, 너구리는 원 밖에서 기다린다. 너구리가 "달걀 하나 주면 안 잡아먹지!"라고 말하자마자 원 안으로 들어가 닭을 잡는다.

④ 놀이가 시작되면 둘러선 어린이들은 약자인 닭의 편이 되어 너구리가 원 안으로 들어가지 못하게 한다. 닭이 원 밖으로 도망칠 때는 손을 잡고 둘러선 아이들이 팔을 들어 틈을 내주지만, 너구리가 지나가려 할 때는 팔을 내리거나 쪼그리고 앉아 방해한다.

⑤ 닭은 너구리에게 잡히면 너구리가 되고, 다른 아이가 닭이 되어 놀이를 계속한다.

🍄 참고하세요

생태계에는 먹고 먹히는 천적 관계가 존재한다. 포식하는 동물과 이들이 잡아먹는 피식자 동물의 관계다. 포식자는 피식자에게서 영양소와 에너지를 얻으며, 피식자는 죽거나 다치게 된다. 즉 천적은 어떤 생물을 공격해 먹이로 삼거나 생존과 번식을 방해하는 생물을 말한다. 그래서인지 전래 놀이에도 포식자와 피식자 놀이가 많으며, 학급 전체가 하기에 알맞다.

열매와 색의 마술사, 가을

11

활동 목표	화려한 단풍잎과 열매가 풍성한 가을을 탐색하며 계절의 변화에 따른 생태계의 변화를 안다.
시기	가을
주요 활동	1. 솔방울 탐색 놀이 2. 숲속 미술 놀이 3. 색다른 시선으로 보기 4. 숨은 색깔을 찾아라 5. 무엇일까요? 6. 같은 것끼리 모여라 7. 열매 전달 놀이 8. 바람 타고 멀리멀리 9. 동물의 몸에 붙어 멀리멀리 10. 힘차게 터뜨려서 멀리멀리 11. 개미가 물고 멀리멀리 12. 동물의 먹이가 되어 멀리멀리 13. 무생물도 자연의 일부 14. 이름 짜 맞추기 빙고

학년군	내용 요소	성취 기준
1~2	생물 다양성 산림 교육	[2즐 06−02] 가을의 모습과 느낌을 창의적으로 표현한다. [2즐 06−02] 가을과 관련한 놀이를 한다. [2슬 06−01] 여러 가지 자료를 활용해 가을의 특징을 파악한다. [2즐 06−04] 낙엽, 열매 등을 소재로 다양하게 표현한다.
5~6	식물의 구조와 기능 생태계 보전	[6과 12−03] 여러 가지 식물의 씨가 퍼지는 방법을 조사하고, 씨가 퍼지는 방법이 다양한 까닭을 설명한다. [6과 05−03] 생태계 보전의 필요성을 인식하고, 우리가 할 수 있는 일에 대해 토의한다.

식물은 땅에 뿌리를 내리고 그 자리에서 자란다. 일생에 한 번 움직이는데, 바로 씨앗이 이동하는 때다. 식물의 열매나 씨앗이 자라기 위해서는 알맞은 장소로 옮겨지거나 뿌리 내릴 수 있는 환경이어야 한다.

가을은 열매나 씨앗이 풍성한 계절이다. 씨앗을 돋보기로 관찰하고, 번식에 관해 이야기 나눈다. 그런 다음 열매의 속성이나 번식 방법을 이용한 놀이나 열매를 활용한 신체 활동을 하면 자연의 생태를 이해하면서 흥미롭게 놀 수 있다.

가을에는 단풍이 아름답다. 단풍은 기후변화에 따라 나뭇잎에 변화가 일어나 녹색 잎이 노랗거나 붉게 변하는 현상이다. 다양한 나뭇잎으로 미술 놀이를 하며 아름다움을 느끼고 창의성도 기른다.

01

솔방울 탐색 놀이

 무엇을 배우나요?

솔방울 놀이를 하며 색과 촉감, 향기, 생김새 등을 감각적으로 느끼고, 소나무의 생태를 이해한다.

 이렇게 진행해요

솔방울 가습기 놀이

① 솔방울의 향기와 촉감, 색깔, 생김새 등을 관찰한다.

- 왜 솔방울이라는 이름이 붙었을까?
- 솔방울은 씨가 어디에 있을까?
- 솔방울 조각이 무엇을 닮았나?
- 솔방울 조각을 '비늘'이라고 한다. 물고기 비늘과 비슷하게 생겨서 비늘이라고 한 것 같다. 조각 안에 무엇이 들었나?

② 솔방울 두세 개를 물속에 넣으며 선생님이 마술을 보여줄 거라고 어린이들의 호기심을 유발한다.

③ '솔방울 탐색 놀이'가 끝나고 물속에 넣어둔 솔방울을 꺼내 관찰한다.

- 비늘 모양이 왜 달라졌을까? 솔방울이 물에 젖으면 왜 오므라들까?
- 비가 오면 솔방울은 어떻게 될까?
- 솔방울의 씨앗은 바람에 날아가는데, 물에 젖으면 잘 날아갈 수 있을까?

솔방울을 살펴보면 비늘 사이에 틈이 많이 벌어졌다. 하지만 물속에 넣은 솔방울은 틈이 오므라들었다. 솔방울은 습도에 따라 벌어지기도, 오므라들기도 한다. 비가 오거나 습한 날씨에는 씨앗이 멀리 날아가지 못하니까 비늘이 오므라들어 씨앗이 떨어져 나가는 것을 방지한다. 햇볕이 내리쬐면 솔방울이 마르면서 비늘이 다시 벌어지고, 비늘 사이에 있던 씨앗이 바람을 타고 멀리 날아간다. 이를 이용해 가정에서는 가습기처럼 사용하기도 하고, 솔방울 모양을 보고 날씨를 예측한다.

솔방울로 이어달리기

① 개인별로 솔방울을 손바닥, 손등, 주먹 쥔 손 위, 목에 놓거나 다리 사이에 끼우고 이어달리기

② 2인 1조로 솔방울을 맞잡거나, 어깨와 등에 끼우고 이어달리기

솔방울 맞잡고 이동하기

두 명이 솔방울을 맞잡고 옆으로 1보, 앞으로 2보, 뒤로 1보 등 선생님의 지시에 따라 떨어뜨리지 않고 이동한다.

내 솔방울 찾기

① 한 손에 솔방울을 쥐고 둘러서서 솔방울 쥔 손으로 내 손바닥을 친 다음 짝 손바닥을 친다. 짝 손바닥을 칠 때 솔방울을 짝에게 넘기면서 노래 부른다.

② 내 솔방울이 오면 갖고, 다른 사람이 다 찾을 때까지 놀이한다. 이때 내 솔방울의 특징을 잘 알아둬야 한다.

솔방울 술래잡기

① '내 솔방울 찾기'와 같은 방법으로 하되, 전체에서 2~3명만 솔방울 갖고 시작한다.

② 놀이하다 떨어뜨린 사람이나 노래가 끝났을 때 솔방울을 갖고 있는 사람에게 간단한 벌칙을 준다.

솔방울 캐치볼

① 두 사람이 마주 서서 솔방울을 던지고 받는다.

② 솔방울을 던지고 손뼉을 한 번 치고 받는다.

③ 솔방울을 던지고 손뼉을 두 번, 세 번, 네 번… 치고 받는다.

과녁을 맞혀라

① 나뭇잎이 달린 개나리 가지를 구부려서 과녁으로 사용한다. 새로 나오는 가지는 대부분 잘 휜다.

② 솔방울로 과녁의 나뭇잎을 맞힌다.

③ 나뭇잎을 떼고 과녁 속으로 솔방울 넣기, 과녁이 좌우로 이동할 때 솔방울 던져 넣기 등 단계를 높여서 놀이한다.

솔방울 멀리 차기

① 작은 원과 큰 원을 오른쪽과 같이 그린다.

② 공격 모둠과 수비 모둠으로 나눈다.

③ 작은 원에 있는 모둠원은 솔방울을 차서 큰 원 밖으로 내 보낸다.

④ 큰 원에 있는 모둠원은 솔방울을 나가지 못하게 막거나 작은 원 안으로 다시 차 넣는다. 이때 자기 원에서 벗어나면 안 된다.

⑤ 솔방울을 큰 원 밖으로 많이 내보낸 모둠이 이긴다.

솔방울 골프

일정한 거리에 도형을 그리고 막대를 이용해 솔방울 쳐서 넣기

솔방울 죽방울

① 나무젓가락 끝에 솔방울을 연결한 털실을 매달고 종이컵을 붙인다.
② 나무젓가락 손잡이를 잡고 솔방울을 튕겨서 종이컵 안으로 집어넣는다.

🍄 이렇게도 해보세요

메타세쿼이아 열매로 팔찌 만들기

① 작은 솔방울이나 입술 모양을 닮은 메타세쿼이아 열매를 모은다.
② 종이 끈을 손목 둘레 두 배 넘는 길이로 자르고, 메타세쿼이아 열매 틈에 끼워 매듭짓는다.
③ 일정한 간격을 두고 두 번째 메타세쿼이아 열매 틈에 종이 끈을 끼워 다시 매듭짓는다.
④ 자기 손목에 맞춰 종이 끈으로 메타세쿼이아 열매를 묶고, 손목에 댄 다음 선생님이나 친구의 도움을 받아 매듭짓는다(종이 끈 대신 마스크 끈을 떼어 사용하면 탄성이 있어 착용감이 좋다).

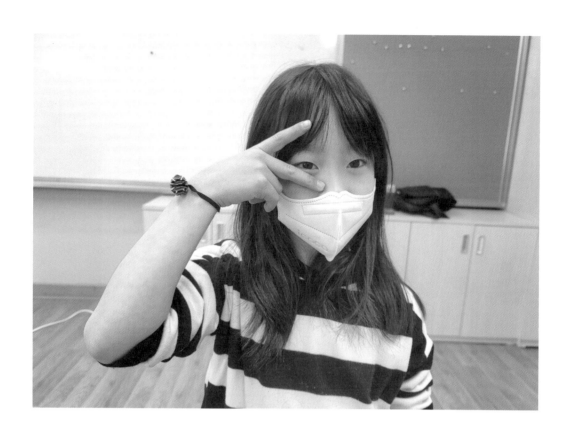

![참고하세요]
참고하세요

- 소나무가 있어도 놀이할 때 솔방울을 구하기 어렵거나, 오래돼서 탐색 활동에 적당하지 않은 경우가 많다. 이때는 시중에서 파는 솔방울을 이용한다.
- 도토리, 바늘잎나무 열매(구과), 주변에 있는 열매로 대체해도 좋다.

02

숲속 미술 놀이

 무엇을 배우나요?

나뭇잎과 열매를 이용한 미술 놀이로 자연의 다양한 색깔과 아름다움, 계절과 날씨의 변화를
느낀다.

 이렇게 진행해요

나는 누구일까?

① 《꼬마 여우》《꼬마 여우의 사계절》을 읽고 나뭇잎을 이용해 창의적으로 만든다(나뭇잎에
   공작용 눈알만 붙여도 다양하게 상상할 수 있는 모양이 된다).

② 만든 것을 전시하고 '나는 누구일까?' 질문과 답, 그렇게 생각한 이유 등을 발표한다.

③ 밖으로 나가 만든 것을 나무에 붙인다. 껍질이 두꺼운 소나무나 주목 등은 껍질 사이에
   끼운다.

나뭇잎 그릇 만들기

① 넓은 잎, 회화나무 줄기 2개, 이쑤시개를 준비한다.

② 이쑤시개로 구멍을 뚫고 회화나무 줄기로 바느질하듯이 꿴다.

③ 완성된 그릇에 자연물 밥상을 차린다.

단풍잎 스테인드글라스 · 모자이크

① 어린이들이 칼을 사용하기 어려우니 두꺼운 선으로 그린 프레임을 나눠준다. 저학년은 간단하게 만든 프레임을 단풍잎에 놓아보는 활동으로 대체한다.

② 울긋불긋한 나뭇잎을 색종이처럼 찢거나 오려서 검은 선이 살도록 붙인다.

③ 색종이로 꾸밀 때와 나뭇잎으로 꾸밀 때의 느낌을 나눈다.

단풍잎 스테인드글라스   단풍잎 모자이크(6학년)   프레임을 단풍잎에 놓아보기
(선생님 작품)

열매와 나뭇잎으로 만든 꽃

① 나뭇잎 여러 장을 잎자루가 가운데로 향하게 둘러놓으면 꽃 모양이 된다.

② 꼬투리가 있는 열매(아까시나무, 박태기나무 등)를 모아 땅에 놓으면 꽃 모양이 된다.

③ 길이가 다른 나뭇가지나 돌멩이를 가운데 놓아 암술과 수술을 표현한다.

사철나무 잎으로 만든 꽃   박태기나무 열매로 만든 꽃   벚나무 잎으로 만든 꽃

나뭇잎 꽃다발

① 크기가 다른 나뭇잎을 여러 장 모은다.

② 작은 나뭇잎을 잡고 큰 나뭇잎을 엇갈려 덧대는 방식으로 꽃 모양을 만든다.

③ 잎자루가 모인 부분을 고무 밴드로 묶는다.

상징물이나 글자 만들기

① 열 명 정도로 모둠을 나눈다.

② 모둠별로 결정한 상징물이나 단어를 자연물로 표현한다.

단풍잎 책갈피 만들기

① 단풍 든 잎을 주워 깨끗이 닦는다.

② 명언이나 독서에 관련된 문구를 쓴다. 단풍잎 한 장에 써도 좋고, 여러 장을 붙여 꾸며도 좋다.

③ 두꺼운 책에 잘 펴서 넣고 하루 정도 말린다.

④ 코팅 필름에 넣고 코팅한다.

⑤ 일반 가위나 핑킹가위로 오린다.

⑥ 펀치로 구멍을 뚫고, 십자수 실이나 끈으로 묶는다.

단풍잎으로 꾸민 엽서

에바 알머슨 따라 하기

① 에바 알머슨의 작품 세계에 관해 이야기 나눈다.

② 실내에서는 게시판에 에바 알머슨 도안을 붙이고, 단풍잎이나 꽃으로 머리와 가슴을 꾸민다.

③ 야외에서는 에바 알머슨 도안을 오려서 땅바닥에 단풍잎이나 꽃으로 꾸민다.

나뭇잎 왕관

① 도화지를 머리둘레에 맞춰 자른다.

② 크기가 비슷한 나뭇잎을 여러 장 모은다.

③ 도화지에 양면테이프를 붙이고 나뭇잎을 붙인다.

④ 나뭇잎 왕관을 쓴다.

※ 나뭇잎으로 팔찌, 허리띠, 목걸이도 만들 수 있다.

※ 고학년은 등나무, 칡 등 덩굴성 줄기로 리스 틀을 만든 다음 나뭇잎이나 꽃으로 장식해
도 된다.

나뭇잎으로 여러 가지 만들기

여우 만들기

나뭇잎 2장으로 매미 만들기

부엉이 만들기

은행잎으로 나비 만들기

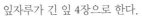

잎자루가 긴 잎 4장으로 한다.　　　　잎자루를 묶는다.　　　　다른 나뭇잎에 놓아본다.

나뭇잎 2장을 연결한 물고기

주목 잎으로 만든 고슴도치

쥐똥나무 잎과 줄기 이용

라일락과 화살나무 잎

댕댕이덩굴 잎으로 만든 매미

플라타너스 잎

여러 나뭇잎으로 만든 애벌레

튤립나무 잎으로 만든 나비

단풍잎으로 만든 잠자리

열매를 이용해 동물이나 곤충을 창의적으로 만들기

자연물로 만든 동물

도토리깍정이로 만든 인형

《두더지의 소원》에 나오는 두더지 만들기

03

색다른 시선으로 보기

 무엇을 배우나요?

화가나 사진작가 같은 예술가처럼 자연을 색다른 시선으로 보며 아름다움을 느낀다.

 이렇게 진행해요

하늘 바라보기

① 둘러서서 허리를 숙이고 다리 사이로 5초 동안 풍경을 본다.

② 옆 사람과 손잡고 상체를 젖혀 5초 동안 하늘을 본다.

③ 한 사람 건너 손잡아 간격을 좁힌다. 즉 왼손은 왼쪽 옆의 옆 사람 오른손을, 오른손은 오른쪽 옆의 옆 사람 왼손을 잡고(그림 참고) 천천히 상체를 젖혀 5초 동안 하늘을 본다.

벌레 먹은 나뭇잎으로 풍경 보기

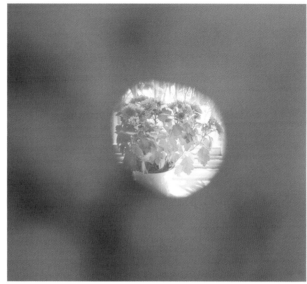

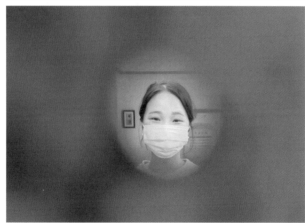

프레임으로 풍경 보기

① 두 명이 짝지어 주변에 있는 나뭇가지로 사각형, 삼각형, 원형 등 프레임을 만든다. 선물 상자나 종이 액자 프레임을 활용해도 된다.

② 사진을 찍듯이 여기저기 풍경을 프레임에 담아보고, 스마트폰으로 프레임에 들어온 풍경을 액자처럼 찍는다.

③ 프레임 안에 자연물을 이용해 꾸민다.

④ 돌아다니며 친구들 솜씨를 보고 자연물의 색과 향기를 느낀다.

나뭇잎 가면으로 보기

버즘나무, 오동나무, 일본목련 등 큰 잎사귀를 좋아하는 모양으로 자르고, 눈과 입 자리에 구멍을 뚫어 그 사이로 풍경을 본다(고무줄로 고리를 만들어 귀에 거는데 나뭇잎이 쉽게 찢어져서 가면 놀이 대신 풍경 바라보기로 했다).

04

숨은 색깔을 찾아라

 무엇을 배우나요?

숲은 살아 있기에 계절마다 색과 모습이 달라지고, 소중히 여겨야 한다는 것을 안다.

 이렇게 진행해요

① "숲에는 몇 가지 색이 있을까?" 질문해 어린이들의 호기심을 유발한다.
② 모둠별로 4절지에 1/4 크기 색종이로 빨강–주황–연갈색–노랑–연두–초록–파랑–자주 순으로 색상환이나 띠지처럼 붙인다.
③ 학교 숲에서 숨은 색깔을 찾아보고 자연물을 모은다. 가져올 수 없는 자연물은 사진으로 찍는다.
④ 모은 자연물을 색종이에 대보면서 가장 비슷한 색종이 옆에 놓는다.
⑤ 가장 비슷한 색상환을 만든 모둠을 뽑는다.
⑥ 숲에 얼마나 다양한 색이 있는지, 사계절 숲의 색이 어떻게 다른지 이야기 나눈다.

 참고하세요

혼자서 하거나 저학년일 때는 팔레트 만들기로 대신한다. 숲은 살아 있기에 계절마다 색이 달라지며, 자연을 소중히 여겨야 한다는 이야기를 나눈다. 같은 숲을 계절마다 방문해 달라지는 숲의 색을 감상하면 더욱 좋다.

Q 가을에 단풍이 울긋불긋 물드는 까닭은?

낙엽은 식물이 겨울을 준비하는 계절적 특징이다. 겨울에는 뿌리가 수분을 흡수하는 힘이 약해지기 때문에 나무 속 수분을 보존하기 위해 나뭇가지와 나뭇잎 사이에 단단한 떨켜를 만든다. 떨켜가 생기기 시작하면 나뭇잎은 뿌리에서 충분한 물을 공급받지 못하지만, 잎은 계속 햇빛을 받아 광합성을 한다. 이때 생성된 양분이 떨켜 때문에 줄기로 이동하지 못하면 잎 속의 엽록소가 분해되기 시작해 녹색에 가려진 잡색체의 색소가 서서히 나타나 단풍이 든다.

식물의 공통적인 색소는 광합성에 관여하는 엽록체에 존재하는 물질로, 여러 가지 카로티

노이드계 보조 색소를 함유하고 있다. 모든 육상식물에는 엽록소(녹색), 카로틴(적색), 크산토필(노란색)이 있다. 그런데 일조시간이 짧아지고 온도가 내려가면 엽록소가 파괴된다. 엽록소 파괴가 늘어 녹색이 줄고 크산토필(노란색에서 주황색 색소)과 카로틴(밝은 오렌지 계열), 안토시안(핑크, 빨강, 자줏빛 등 붉은색 계열)이 드러나 울긋불긋한 단풍을 만든다. 안토시안 함량은 나무의 종류나 환경의 영향에 따라 차이가 있다.

05

무엇일까요?

 무엇을 배우나요?

- 열매의 성장과 역할에 대해 이해한다.
- 촉감과 생김새를 관찰한 열매를 촉각으로 알아맞힌다.

 이렇게 준비해요

여러 가지 열매, 달걀판, 상자(위에 손 넣을 구멍이 있고 한쪽은 투명 필름으로 속이 보인다), 열매 사진

 이렇게 진행해요

열매 빙고

① 학교 숲에서는 열매를 찾기 어려우니 미리 수집한다.

② 달걀판에 각기 다른 열매를 담는다. 많은 열매를 모으기 힘들 경우, 달걀판을 잘라 사용한다.

③ 열매의 느낌과 색, 크기, 향기 등을 비교한다.

④ 식물도감이나 스마트폰으로 수집한 열매에 대한 정보를 찾아본다.

⑤ 찾은 정보를 간단히 기록한 다음, 달걀판에 있는 열매를 하나씩 빼며 빙고를 한다.

⑥ 먼저 달걀판의 열매를 내려놓고 "빙고"를 외친 모둠이 이긴다.

무엇일까요?

① 열매를 상자에 넣어 준비하고, 그 옆에 열매 사진을 둔다.

② 상자의 보이는 쪽이 참관하는 어린이들을 향하게 두고, 관찰하는 어린이가 손을 넣어 어느 식물의 열매인지 추측한다.

③ 자신이 만져본 열매와 같다고 생각하는 사진을 고른다.

④ 상자에서 열매를 꺼내 자신이 선택한 사진과 비교한다.

⑤ 열매 이름을 맞히는 것보다 촉각을 비롯한 단순 관찰이 중요함을 스스로 깨우쳐야 한다. 열매를 만져서 자연과 친숙한 마음을 길러주는 데 치중해 지도한다. 식물 뿌리를 넣어 열매와 비교하게 유도하는 것도 좋은 방법이다.

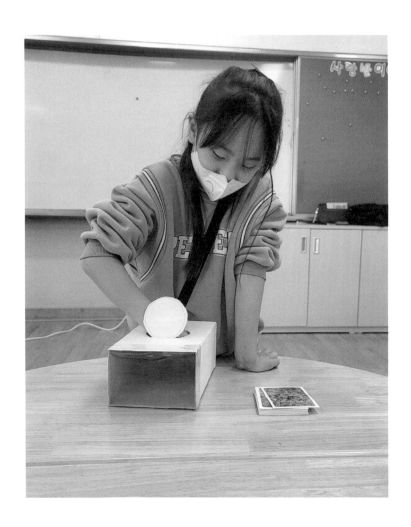

참고하세요

식물의 후손 만들기

- 생식 : 생물이 다음 세대의 새로운 개체를 만드는 현상
- 번식 : 생물이 생식을 통해 자기 자손을 유지하고 늘리는 현상

식물의 생식(수정) 전략

충매화	풍매화	조매화	수매화
• 꽃가루가 곤충에 의해 암술머리에 옮겨지는 꽃 • 화려한 꽃잎, 꿀샘 발달, 강한 향기, 꽃가루는 소량이고 점액이나 돌기 등이 있어 곤충에게 붙기 쉽다.	• 꽃가루가 바람에 의해 암술머리에 옮겨지는 꽃 • 꽃 모양이나 꾸밈, 향기 대신 작은 꽃가루를 다량 생산 • 겉씨식물은 대부분 풍매화다. 원시적이지만 진화 단계가 앞선 것이 많고, 현실에 적응하며 번식한다.	• 꽃가루가 새에 의해 암술머리에 옮겨지는 꽃 • 몸집이 작은 동박새, 직박구리, 벌새 등의 눈에 띄게 꽃 색이 붉고 선명하다. • 열대지방에서는 1/3이 조매화다.	• 꽃가루가 물에 의해 암술머리에 옮겨지는 꽃
장미, 복사나무, 개나리, 벚나무, 사과나무, 배나무 등	소나무, 벼, 보리, 밀, 옥수수, 단풍나무, 은행나무, 밤나무	동백, 바나나, 파인애플, 선인장	붕어마름, 물수세미, 별이끼, 나사말, 검정말

충매화의 관심 끌기 작전

① 다양한 꽃 색 : 조팝나무(잔잔한 꽃 여러 개), 나리꽃(색으로 특정 곤충 유인), 변산바람꽃, 산딸나무(꽃받침을 꽃잎으로 위장)

② 뭉쳐야 산다 : 국화과 식물

③ 허니 가이드(벌 눈에만 보이는 자외선 감지) : 얼레지, 산철쭉(꽃가루받이가 끝나면 유인 색소가 옅어진다)

④ 향기(좋은 향기뿐만 아니라 좋지 않은 냄새로 파리류 유인)

⑤ 헛수술 : 물매화, 닭의장풀

열매를 만드는 과정

수정 후 씨방은 열매, 밑씨는 종자(씨)로 자란다.

① 씨앗과 열매

- 겉씨식물은 열매가 없다.
- 씨앗은 나무의 최종 목적지, 열매는 씨앗을 보호하는 기관이다.
- 꽃가루받이와 수정의 산물은 열매와 씨앗이다.

② 열매의 종류

- 견과 : 단단한 열매껍질과 깍정이에 싸인 나무 열매(참나무, 밤나무 등)
- 수과 : 열매껍질이 작고 말라서 터지지 않는 열매(민들레, 해바라기 등)
- 영과 : 열매껍질이 말라서 씨껍질과 붙은 열매(벼, 보리, 밀 등)
- 시과 : 씨방 벽이 늘어나 날개 모양으로 달린 열매(단풍나무, 물푸레나무 등)
- 삭과 : 익으면 열매껍질이 말라 쪼개지는 열매(진달래, 철쭉, 달맞이꽃 등)
- 협과 : 꼬투리로 맺히고 열매껍질이 분리돼 씨앗이 떨지는 열매(콩, 팥, 완두 등)
- 핵과 : 단단한 핵으로 싸인 씨가 든 열매(복사나무, 살구나무, 앵두나무 등)
- 구과 : 바늘잎나무의 헛열매(소나무, 잣나무, 측백나무 등)

06

같은 것끼리 모여라

 무엇을 배우나요?

촉감 놀이로 모둠을 구성해 끼리끼리 모이는 것을 방지하고, 자율적인 참여를 유도한다.

 이렇게 준비해요

종류별 자연물

 이렇게 진행해요

① 스무 명을 네 모둠으로 나눈다면 솔방울과 돌멩이, 나뭇잎, 도토리를 다섯 개씩 준비한다.
② 둘러서서 뒷짐을 진다.
③ 뒷짐 진 손에 임의로 자연물을 한 개씩 나눠준다.
④ 뒷짐 지고 친구의 자연물을 만져서 같은 자연물을 가진 사람끼리 모인다. 이때 내 것을 다른 사람에게 보여주거나 말을 해선 안 되고, 촉감으로 같은 자연물을 찾는다.

참고하세요

• 특정 어린이를 같은 모둠이나 다른 모둠으로 배치해야 한다면 자연스럽게 같거나 다른 자연물을 나눠준다.
• 촉감을 자극한 즐거움은 정서적 안정감을 주고, 자연물을 촉감으로 탐구하는 기회를 제공한다.

07

열매 전달 놀이

 무엇을 배우나요?

밤 숟가락을 만들고 열매를 전달하는 과정에서 협동심과 집중력을 기른다.

 이렇게 준비해요

종류별 열매나 씨앗, 밤 쭉정이, 가위, 나뭇가지, 목공 풀

이렇게 진행해요

① 번식 종류별로 열매와 씨앗을 두 세트씩 준비한다.
② 밤 쭉정이로 숟가락을 만든다.
   • 밤 쭉정이 끝부분을 가위로 자른다.
   • 꼬치 굵기 나뭇가지를 잘라낸 부분에 끼운다. 이때 목공 풀을 살짝 묻히면 놀이하다 빠지지 않는다.
③ 준비한 열매나 씨앗을 모둠의 첫 번째 주자부터 마지막 주자까지 동시에 전달한다. 이때 떨어뜨리면 그 사람부터 주워서 시작한다.
④ 마지막 주자는 자기 모둠 그릇에 열매를 담는다.
⑤ 주어진 열매나 씨앗을 모두 먼저 전달한 모둠이 이긴다.

참고하세요

• 학교 숲에는 밤나무가 없으니 밤 쭉정이는 선생님이 준비하고, 만들기는 어린이들이 한다.
• 밤 숟가락을 만들 때 꼬치를 사용하면 쉽지만, 환경을 생각해서 나뭇가지를 이용하도록 안내한다.

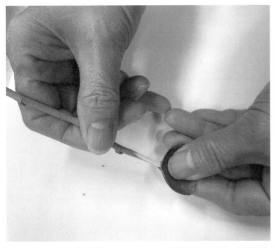

08

바람 타고 멀리멀리

 무엇을 배우나요?

바람에 의해 이동해 번식하는 씨앗을 관찰하고, 씨앗의 특성을 이용한 놀이를 한다.

 이렇게 진행해요

씨앗 날려 보내기

① 단풍나무 씨를 위에서 던져 떨어지는 모습을 관찰한다.

② 쑥부쟁이, 코스모스 등의 꽃잎을 하나 건너 떼어낸 다음 위로 던져서 누구 것이 가장 잘 도는지 겨룬다.

③ 갈퀴덩굴, 꼭두서니, 쇠뜨기, 철쭉(어긋나기 하다 마지막 돌려나기) 등의 돌려나기 잎을 떼어 위로 던진다.

④ 잘 마른 강아지풀이나 억새 이삭을 흔들면 어떻게 되는지 살펴본다.

⑤ 박주가리, 무궁화, 민들레, 방가지똥, 왕고들빼기 씨를 불어본다.

헬리콥터 놀이

① 종이를 길쭉하게(긴 것, 짧은 것 다양하게) 자른다.

② 클립으로 고정하고 가운데를 잘라 벌린다.

③ 허공에 높이 던지면 빙빙 돌며 내려온다. 이때 색색이 던지면 꽃송이가 나는 것 같다.

 참고하세요

- 날개 달린 열매 : 단풍나무, 은행나무, 오동나무, 느릅나무, 소나무
- 털 달린 열매 : 민들레, 박주가리, 사위질빵, 무궁화

09

동물의 몸에 붙어 멀리멀리

 무엇을 배우나요?

동물의 몸에 붙거나 먹이가 되어 이동해 번식하는 씨앗을 관찰하고, 씨앗의 특성을 이용한 놀이를 한다.

 이렇게 진행해요

도꼬마리 열매 던지기

① 두 명이 마주 보고 도꼬마리 열매를 번갈아 던져서 친구 옷에 많이 붙이는 어린이가 이긴다.

② 단체로 피하면서 친구 옷에 도꼬마리 열매를 붙인다. 몸에 도꼬마리 열매가 가장 많이 붙은 어린이에게 벌칙을 준다.

백인의 발자국

① 질경이 씨앗을 돋보기로 관찰한다.

② 질경이 씨앗이 신발에 달라붙어 이동하듯이 풍선에 열매나 씨앗(모래알로 대체 가능)을 넣고 분다.

③ 풍선을 발에 묶고 목표 지점에 가서 터뜨리고 돌아온다.

질경이 씨앗

 참고하세요

가시와 끈끈이가 있는 씨앗은 동물의 몸이나 사람 옷에 붙어 이동한다. 옷에 잘 붙는 열매는 어떤 것이 있는지 알아보고, 열매나 잎으로 훈장 만들기를 한다. 이때 훈장을 만드는 식물은 잎자루 가장자리와 잎 뒷면에 작은 가시가 있으니 조심한다.

• 도꼬마리 : 벨크로 테이프(찍찍이)처럼 갈고리가 있다. 이 열매를 보고 벨크로 테이프를 발명했다.

- 가막사리 : 씨앗이 뿔이 두 개 달린 도깨비를 닮아 '도깨비풀'이라고도 한다.
- 주름조개풀 : 이삭에서 끈적거리는 액체가 나온다.
- 쇠무릎 : 줄기 마디가 소 무릎 같다.
- 질경이 : 열매에 뚜껑이 있다. 사람 발에 밟히거나 빗방울이 떨어질 때 충격으로 열매 뚜껑이 툭 터진다. 이때 나온 씨가 빗물에 멀리 이동하거나 신발에 달라붙어 이동한다. 인디언은 '백인의 발자국'이라고 부른다.

10

힘차게 터뜨려서 멀리멀리

 무엇을 배우나요?

꼬투리를 터뜨려서 번식하는 씨앗을 관찰하고, 씨앗의 특성을 이용한 놀이를 한다.

 이렇게 준비해요

종이컵이나 두루마리 휴지 심, 가위, 풍선, 테이프나 고무줄, 씨앗이나 열매

이렇게 진행해요

① 봉숭아는 열매가 익으면 껍질이 마르면서 열매의 절개선이 터져 씨앗이 튀어나간다. 봉숭아 씨앗은 다섯 조각이 붙어 원통을 이루는 모양인데, 완전히 익으면 조금만 건드려도 다섯 조각의 껍질이 빠르게 감아 올라가 씨앗을 2m 정도까지 보낸다.

② 우리도 종이컵 폭죽을 만들어 씨앗이나 열매를 힘차게 날려 보낼까?

폭죽 놀이

① 종이컵으로 할 때는 바닥을 오려낸다. 종이컵을 두세 개 겹치면 단단해서 잡아당기기
쉽다.

② 풍선을 잘라 종이컵 윗부분에 끼우고, 테이프나 고무줄로 고정한다. 풍선은 입구에서
2/3 정도 자른다. 아랫부분을 너무 많이 자르면 풍선에 끼우기 힘드니 주의한다.

③ 풍선 입구를 묶는다.

④ 씨앗이나 열매, 조각낸 단풍잎을 종이컵에 담고 풍선을 쭉 잡아당겼다 놓는다. 이때
사람이 있는 방향으로 쏘지 않도록 안내한다(열매나 씨앗 대신 조각낸 단풍잎을 넣기도
한다).

🍄 참고하세요

Q 왜 멀리멀리 퍼질까?

어미 나무와 가까이 있으면 빛과 양분을 충분히 공급받지 못해 살아남을 확률이 떨어
진다. 어미가 같은 형제가 모여 자라면 형제끼리 꽃가루받이하기(근친교배) 쉬워 시간이 지
날수록 약한 후손이 생긴다.

11

개미가 물고 멀리멀리

 무엇을 배우나요?

개미의 먹이가 되어 번식하는 씨앗을 관찰하고, 씨앗의 특성을 이용한 놀이를 한다.

 이렇게 준비해요

아몬드

 이렇게 진행해요

① 애기똥풀, 제비꽃 등의 씨앗을 관찰하고 개미가 왜 좋아하는지 설명한다.
② 감나무, 목련 등 비교적 큰 나뭇잎을 하나씩 주워 온다.
③ 나뭇잎에 씨앗(아몬드)을 담아 개미처럼 입에 물고 가서 자기 모둠의 나뭇잎 그릇으로 옮긴다.
④ 릴레이로 하다가 일정한 시간이 지나면 선생님이 "그만"이라고 한다. 빠르게 진행한 모둠은 두 번 다녀오는 어린이도 있을 것이다.
⑤ 놀이가 끝나고 모둠원과 함께 아몬드를 먹는다.

참고하세요

가을에 떨어진 나뭇잎은 오목해서 그릇처럼 사용할 수 있다. 애기똥풀, 제비꽃, 괭이밥 등 날개나 갈고리 같은 이동 수단이 없는 씨앗은 당분을 이용해 개미의 먹이가 돼서 이동한다. 씨앗에 엘라이오솜이 있어서 개미들이 그것을 먹으려고 집으로 운반한다. 단백질과 지방, 녹말, 비타민, 당분 등이 함유돼 먹이로 이용하고, 나머지는 씨앗 그대로 둔다. 씨앗이 개미의 턱 힘으로 깰 수 없을 정도로 단단하기 때문이다. 개미가 먹다 버린 씨앗은 발아율이 높고, 개미집 근처에 개미의 먹이 쓰레기가 쌓여 영양분이 많아서 잘 자란다.

12

동물의 먹이가 되어 멀리멀리

 무엇을 배우나요?

도토리가 동물의 먹이가 되어 멀리 퍼져서 참나무 숲을 이루는 것을 안다.

 이렇게 준비해요

도토리, 플라스틱 바구니, 보자기, 사계절 나뭇잎 그림, 새싹 그림, 도토리를 먹는 동물 그림, 도토리를 먹지 않는 동물 그림, 도토리깍정이, 실, 눈알 스티커, 송곳, 이쑤시개

 이렇게 진행해요

숨겨놓은 도토리 찾기

① 모둠별로 도토리를 7~8개 주고, 학교 숲 여기저기에 숨기라고 한다.
② 다른 놀이를 한 다음 숨긴 도토리를 찾아오라고 한다.
③ 모두 찾아온 모둠은 천재, 한두 개 놓친 모둠은 나무가 새롭게 태어날 수 있게 해준 박애주의자라고 칭찬한다.

도토리를 먹는 동물

① 선생님이 도토리를 먹는 동물의 이름을 부르면 나무를 붙잡고 서고, 도토리를 먹지 않는 동물의 이름을 부르면 그 자리에 앉는다.

② 서야 하는데 앉거나 앉아야 하는데 선 사람은 일정 구역으로 가서 참관한다. 중간중간 패자부활전도 해서 참관자가 흥미를 잃지 않도록 한다.

어치 똥 싸기

① 새가 먹이를 먹고 똥을 싸기 때문에 식물의 번식이 일어나는 것과 연계한다. 열매 속 단단한 씨앗은 새의 위장을 통과한 뒤 발아율이 높아진다.

② 도토리를 무릎 위 다리와 다리 사이에 끼우고 걸어가서 플라스틱 바구니(변기라고 가정) 속에 넣는다.

마음을 모아

① 보자기 네 꼭지에 봄 여름 가을 겨울에 해당하는 나뭇잎 그림, 중앙에 새싹 그림을 붙인다.

② 보자기에 도토리를 놓고 봄에서 겨울까지 간 다음 가운데로 오게 한다.

③ 도토리를 먹는 동물과 먹지 않는 동물 그림을 붙이고, 도토리를 먹는 동물 그림이 있는 곳으로 도토리를 굴려 제자리로 오는 방법도 있다.

도토리깍정이로 애벌레 만들기

① 큰 도토리깍정이 두 개를 마주 보게
   붙여 얼굴을 만든다.
② 가운데 구멍을 뚫은 도토리깍정이
   를 한 방향으로 하고 실을 꿴다.
③ 마지막으로 얼굴 부분을 연결해 매
   듭지어서 빠져나오지 않게 한다.
④ 얼굴에 눈알 스티커를 붙인다.
⑤ 실을 잡고 이리저리 움직여본다.

도토리 팽이 · 구슬치기

① 도토리 맨 아래 평평한 곳 가운데를
   송곳으로 뚫고 이쑤시개를 꽂으면
   도토리 팽이 완성.
② 도토리로 구슬치기를 한다.

도토리를 먹고 사는 숲속 생물은 30종이 넘는다. 돼지, 다람쥐, 어치, 멧돼지, 청설모, 원앙, 도토리거위벌레, 곰, 반달가슴곰, 오소리, 쥐, 꿩 등이 도토리로 긴 겨울을 난다. 도토리 하면 다람쥐가 떠오르지만, 실제로 도토리를 가장 좋아하는 동물은 돼지와 어치다.

참나무는 동물에게 열매를 주기만 할까? 참나무 입장에서도 어치 같은 동물이 도토리를 먹는 게 이득이다. 참나무가 도토리를 나무 밑에 떨어뜨려도 어미 나무 바로 밑에선 햇빛이 잘 안 들어 싹트기 어렵고, 싹이 튼다 해도 친구들과 경쟁해야 해서 큰 나무로 성장하는 개체는 몇 안 된다. 이때 도토리를 먼 곳까지 나르면 번식하기 한결 쉬울 것이다.

참나무

참나무는 인위적으로 조성·관리하는 숲에서 볼 수 없지만, 우리나라 산 전역에 있어 친근하다. 대신 대왕참나무는 단풍이 곱고 빨리 자라서 가로수나 도시 숲에서 자주 눈에 띈다. 참나무는 산 아래 지역의 떡갈나무와 상수리나무부터 자라고, 위로 올라가면서 갈참나무와 졸참나무가 나타나다가 제일 높은 지역에서는 신갈나무와 굴참나무가 자란다. 특히 식물생태학에서 신갈나무는 높은 산 정상 부분에서 천이의 마지막을 이루는 식물로 정평이 났다.

참나무는 떡잎이 나오지 않고 톱니가 있는 본잎이 바로 나온다. 도토리 자체가 영양분이 많은 떡잎이기 때문이다. 그렇게 자란 참나무 한 그루가 한 해 생산하는 도토리는 풍년일 때 1만 개 정도라고 한다.

어치

우리나라 전역에 번식하는 텃새로, '산까치'라고도 한다. 몸길이는 30cm 정도로 비둘기보다 약간 작고, 날개 일부에 파란 깃털이 있다. 도토리를 좋아하지만, 곤충이나 다른 새의 알이나 새끼도 즐겨 먹는다. 어치는 한 번에 도토리 4~5개를 목주머니에 넣고 저장 장소에 옮겨두는 습성이 있다. 땅에 구멍을 파고 도토리를 한 알씩 넣고 낙엽이나 이끼로 덮어둔다. 자기가 숨겨둔 도토리를 다 찾지 못해 씨앗에서 새로운 싹이 나오게 해준다.

13

무생물도 자연의 일부

 무엇을 배우나요?

무생물에 생명을 불어넣는 활동을 하며 무생물도 자연의 일부임을 깨닫는다.

 이렇게 준비해요

눈알 스티커

 이렇게 진행해요

① 돌멩이 하나를 주워 오라고 한다. "특징이 가장 잘 드러난 돌멩이, 납작한 돌멩이, 동그란 돌멩이, 무늬가 있는 돌멩이를 누가 잘 찾을까?"라고 말해 적극적으로 참여하도록 유도한다.

② 네 명씩 모둠이 되어 돌 사이에 나뭇잎을 끼우고 위에 있는 돌을 떨어뜨리지 않고 잎사귀만 빼낸다(자연물 젠가).

③ 자기가 주운 돌멩이에 눈알 스티커와 주변의 자연물을 이용해 꾸민다. 반려돌 취미 활동을 하는 사람도 있다는 것을 알려주고, 꾸민 돌멩이와 대화하며 자연을 소중히 대하는 마음을 일깨운다.

14

이름 짜 맞추기 빙고

 무엇을 배우나요?

마지막 차시에 지금까지 배운 내용을 떠올리며 놀이에 참여한다.

 이렇게 준비해요

빙고 용지

 이렇게 진행해요

① 참여자 전체에게 빙고 용지를 한 장씩 나눠준다.

② 10분쯤 시간을 주고 ㄱ, ㄴ, ㅂ, ㅇ, ㅈ으로 시작하는 풀, 나무, 동물 등을 기록해 25칸을 채우도록 한다. 난도에 따라 칸 수를 조절한다.

③ 시간이 되면 기록을 중단하고 각자 채점한다.

④ 순서에 따라 자기가 적은 이름을 불렀을 때 그 이름이 있는 사람은 손을 든다.

⑤ 이름을 적지 못했으면 0점, 자기 외에 다른 사람도 기록한 이름은 1점, 자기만 적은 이름은 2점으로 채점한다.

 참고하세요

모둠별 혹은 참여자 전체를 대상으로 놀이할 수 있다. 인원이 많으면 자기만 적은 이름이 드물어 2점짜리가 별로 없을 것이다. 이때 자기만 적은 이름은 6점, 다섯 명 이내로 적은 이름은 4점, 열 명 이내로 적은 이름은 2점 등으로 채점에 융통성을 발휘한다.

이름 짜 맞추기 빙고 예시

	풀	나무	동물	곤충	새
ㄱ	개망초 괭이밥 국화 금잔화 개별꽃 과꽃	감나무 곰딸기 귀룽나무 고로쇠나무 가중나무 괴불나무 굴참나부	고양이 곰 개 개구리 고슴도치 기린 고라니	개미 길앞잡이	기러기 곤줄박이 갈매기 긴꼬리딱새 고니 거위 굴뚝새
ㄴ	냉이 나리 나팔꽃	느티나무 노간주나무 노린재나무 누리장나무 낙우송	너구리 노루 두더지 늑대 나무늘보	나비 (노랑나비, 네발나비) 나방 노린재	나이팅게일 노랑지빠귀
ㅂ	백일홍 베고니아 별꽃 봄맞이 봄까치꽃	박태기나무 박달나무 병꽃나무 밤나무 박태기나무 불두화 버즘나무	뱀 박쥐	벌 방아깨비 배추흰나비	비둘기 벌새 박새 방울새 부엉이
ㅇ	애기똥풀 양지꽃 양귀비 앵초 원추리	은행나무 오동나무 오리나무 이팝나무 유도화	여우 오소리 양 원숭이	여치 애호랑나비	어치 오리 앵무새 오목눈이 원앙 올빼미 왜가리
ㅈ	제비꽃 주름잎 작약	자작나무 쥐똥나무 졸참나무 자귀나무 주목 조팝나무 전나무	지렁이 자라 족제비 쥐	잠자리 지네 자벌레 장수하늘소 장수풍뎅이	제비 직박구리 종다리 조롱이

부록

오려서 활용하세요.

바닥에 떨어진
열매 하나

커다란
나뭇잎 한 장

돌멩이
하나

작은잎이
많이 달린 나뭇잎

벌레 먹은
나뭇잎

손바닥을 닮은
나뭇잎

둥근
자연물

모여난
나뭇잎

나무껍질

향기 나는
자연물

나를 기분 좋게
하는 자연물

거칠거칠한
자연물

부드러운
자연물

나를 닮은
나뭇잎

우리 가족을 닮은
나뭇잎

자연의
흔적

 학교 숲 생태 놀이

노랑 빙고

- 봄에는 노란색이 많아요. 한번 찾아볼까요?
- 가운데 빈칸에는 '내가 본 또 다른 노랑'의 이름을 쓰거나 그려보세요.

민들레

산수유나무

뽀리뱅이

개나리

나비

수선화

꽃다지

애기똥풀

봄꽃 빙고

- 봄볕 아래 울긋불긋 피어난 봄꽃을 찾아보세요.
- 가운데 빈칸에는 '내가 본 또 다른 봄꽃'의 이름을 쓰거나 그려보세요.

벚나무

진달래

목련

개나리

철쭉

제비꽃

산수유나무

수수꽃다리

이름을 지어줄게

내가 선택한 봄꽃의 모양과 색깔, 특징을 관찰해 이름을 붙이고, 그 이유를 설명해봅시다.

내가 선택한 봄꽃 그림이나 꽃잎	내가 지은 이름	이유
	본래 이름	
	본래 이름	

회양목

꽃다지

꽃마리

냉이

뽀리뱅이

주름잎

회양목

❖ 도톰하고 손톱만 한 잎사귀가 1년 내내 푸르고 생명력이 왕성해서 화단 가
  장자리에 많이 심는다.
❖ 3~5월에 녹색이 섞인 노란 꽃이 피는데, 크기가 작아 자세히 보지 않으면
  눈에 잘 띄지 않는다.

꽃다지

❖ 우리나라 어디나 볕이 잘 드는 곳에서 자란다.
❖ 긴 타원형 잎이 방석처럼 퍼진다.
❖ 잎과 줄기에 가는 털이 있다.
❖ 3~6월에 냉이 꽃처럼 생긴 노란 꽃이 가지 끝에 여러 송이 핀다.

꽃마리

❖ 4~7월에 아주 작은 연하늘색 꽃이 줄기 끝에 달린다.
❖ 군락을 이루고, 전체에 짧은 털이 있다.
❖ 줄기에서 나온 잎은 어긋나고 긴 타원형이며, 가장자리가 밋밋하다.

냉이

❖ 잎과 줄기, 뿌리까지 먹을 수 있는 대표적인 봄나물이다.
❖ 민들레처럼 톱니 모양 잎이 빙 둘러서 난다.
❖ 4~5월에 매우 작은 꽃이 긴 대롱에 잔뜩 피고, 열매는 하트 모양이다.

뿌리뱅이

❖ 뿌리에서 난 잎은 로제트 모양이고, 아래쪽 잎일수록 크고 붉은빛을 띠기도
  한다.
❖ 줄기는 곧게 자라고, 속이 비었으며, 희고 작은 털이 있다.
❖ 4~10월에 노란 꽃이 피고 지기를 반복한다.

주름잎

❖ 잎에 주름이 져서 붙은 이름이다.
❖ 잎은 마주나고 거꾸로 된 달걀 모양이다.
❖ 5~8월에 연자주색 꽃이 피는데, 가장자리가 흰색이다. 원줄기 끝에 입술
  모양 꽃이 몇 개씩 달린다.

단풍나무

봄까치꽃

봄맞이

은행나무

벼룩이자리

돌나물

단풍나무

❖ 잎이 손가락처럼 갈라졌다.
❖ 4~5월에 잎사귀와 함께 꽃봉오리가 붉은 꽃이 핀다.
❖ 안개꽃보다 작은 꽃이 다발로 모여서 핀다.
❖ 날개가 달린 열매 두 개가 쌍으로 붙어 'V자 모양'이다.

봄까치꽃

❖ 큰개불알꽃이라고도 부른다.
❖ 약간 습한 곳에서 자라며, 줄기는 밑 부분이 옆으로 뻗거나 비스듬히 선다.
❖ 3~5월에 잎겨드랑이에서 짙은 색 줄이 있는 하늘색 꽃이 핀다. 꽃받침과 꽃잎이 네 개씩이고, 앞쪽 것이 약간 작다.

봄맞이

❖ 남쪽에서 북쪽으로 이동하며 봄을 알리는 꽃이다.
❖ 잎은 모두 뿌리에서 나며, 땅바닥을 따라 비스듬히 퍼진다.
❖ 잎과 줄기에 털이 있다.
❖ 3~5월에 잎 사이에서 올라온 꽃줄기 끝에 흰 꽃이 핀다.

은행나무

❖ 4월에 잎과 연한 황록색 꽃이 함께 피어 자세히 보지 않으면 그냥 지나친다.
❖ 수꽃은 꽃잎이 없고 수술이 2~6개다. 암꽃은 끝에 밑씨가 두 개 있다. 사진은 수꽃이다.
❖ 부채꼴 잎이 짧은 가지에서 모여난 것처럼 보인다.

벼룩이자리

❖ 우리 주변에 흔히 자라는 풀이다.
❖ 줄기는 가늘고 길며, 마주나는 잎은 달걀꼴이고 털이 있다.
❖ 4~5월에 잎겨드랑이에서 꽃대가 나와 흰 꽃이 한 송이 핀다. 꽃받침과 꽃잎이 다섯 개씩이고, 털이 있다.

돌나물

❖ 산이나 돌 틈에서 자란다고 붙은 이름이다.
❖ 줄기는 옆으로 뻗으며, 마디마다 뿌리가 나온다.
❖ 줄기를 잘라 땅에 꽂아두면 자란다.
❖ 5~7월에 꽃대 끝에 잎과 비슷한 노란 꽃이 핀다.

개나리

진달래

철쭉

벚나무

산수유나무

애기똥풀

개나리	❖ 진달래와 함께 봄을 대표하는 꽃이다. ❖ 우리나라 특산 식물로 전국 각지에 분포하며, 산기슭 양지에서 자란다. ❖ 잎이 마주난다. ❖ 가지 끝이 처진다. ❖ 꽃이 잎겨드랑이에 1~3개씩 달리고, 노란색 꽃잎이 네 갈래다.
진달래	❖ 강화 고려산, 경남 화왕산이 이 꽃의 대표적 명소다. ❖ 화전이나 화채를 만들어 먹는 대표적인 꽃이다. ❖ 철쭉과 닮았지만, 4월에 꽃이 잎보다 먼저 피는 점이 다르다. ❖ 깔때기 모양 분홍빛 · 자줏빛 꽃이 핀다. ❖ 관상용으로 심기도 하지만, 주로 볕이 잘 드는 산에 무리 지어 자란다.
철쭉	❖ 산에서 많이 자라, 봄에 이 꽃을 보기 위해 등산하는 사람이 많다. ❖ 잎이 어긋나지만, 가지 끝에는 4~5장씩 모여난다. ❖ 4~5월에 잎이 나오면서 연분홍색 · 흰색 꽃이 핀다. ❖ 깔때기 모양 꽃잎 안쪽에 붉은 갈색 반점이 있다.
벚나무	❖ 제주도와 해남 대둔산에 천연기념물로 지정된 나무가 있다. ❖ 잎차례가 어긋나고, 긴 꽃자루 끝에 꽃잎이 다섯 장인 꽃이 핀다. ❖ 4월 초순부터 잎이 나기 전에 연분홍색, 흰색에 가까운 꽃이 핀다. ❖ 원래 산에서 자라는 나무지만, 우리나라 전국에 가로수로 심었다. ❖ 6~7월에 검자주색 열매(버찌)가 열린다.
산수유	❖ 3~4월에 노란 꽃이 피어 봄을 알리는 꽃이라고 한다. ❖ 산에 수유가 열리는 나무라서 붙은 이름이다. ❖ 전남 구례, 경기도 이천에서 이 축제가 열린다. ❖ 8~10월에 빨간 열매가 달린다. 맛은 약간 달고 떫고 시다. ❖ 주로 산에서 자라는 나무인데, 관상용으로 정원에도 많이 심는다.
애기똥풀	❖ 줄기나 잎을 자르면 노란 액체가 나와서 붙은 이름이다. ❖ 주변에 흔한 두해살이풀로, 큰 것은 80cm 정도까지 자란다. ❖ 독성이 있는 식물이지만, 옛날에는 노란색 천연염료로 사용했다. ❖ 노란 꽃이 봄부터 가을까지 가지 끝에 핀다. ❖ 씨앗에는 개미가 좋아하는 엘라이오솜이 있다.

장미

민들레

목련

개망초

제비꽃

조팝나무

장미

❖ 꽃이 아름답고 향이 강해 '꽃의 여왕'이라는 별명이 있다.
❖ 우리나라에서는 이 꽃과 닮은 찔레를 들장미라고 한다.
❖ 햇빛을 좋아하는 식물이며, 원예용으로 개량해서 많이 심는다.
❖ 5월쯤 모양과 색이 다양한 꽃이 핀다.
❖ 봄에 올라오는 줄기는 먹을 수 있고, 줄기에는 잎이 변한 가시가 달렸다.

민들레

❖ 이른 봄에 꽃을 피우기 위해 땅에 납작 엎드려 겨울을 난다.
❖ 국화과 식물이며, 봄에 톱니 모양 어린잎을 나물로 먹는다.
❖ 바람에 날아가는 흰색 우산 모양 씨앗은 홀씨가 아니다.
❖ 기다란 꽃자루 하나에 피는 노란 꽃이 한 송이처럼 보이지만, 수많은 꽃이 모여 있다.

목련

❖ 나무에 연꽃이 핀다고 붙은 이름이다. 꽃봉오리가 모두 북쪽을 향했다고 '북향화', 꽃봉오리가 붓끝을 닮았다고 '목필화' 등으로도 불린다.
❖ 흰색ㆍ자주색 꽃이 탐스럽게 피고, 향기도 좋다.
❖ 원산지가 우리나라로, 닭 볏 모양 열매는 9~10월에 익는다.
❖ 3월 말부터 잎이 나기 전에 꽃이 핀다.

개망초

❖ 무리 지어 자라며, '뽑아도 뽑아도 자라는 망할 놈의 풀'이라는 뜻이다.
❖ 꽃이 달걀 프라이처럼 보여서 계란꽃이라고 부르는 사람도 있다.
❖ 전체에 굵은 털이 있고, 큰 것은 1m까지 곧추 자라는 두해살이풀이다.
❖ 어린잎은 나물로 먹고, 꽃은 차로 마신다.
❖ 가지 끝에 핀 흰 꽃이 한 송이처럼 보이지만, 수많은 꽃이 모여 있다.

제비꽃

❖ 양지바른 곳에서 자라는 여러해살이풀로, 제비가 돌아올 때 피는 꽃이다.
❖ 잎은 심장 모양이고, 방석처럼 퍼지는 로제트 식물이다.
❖ 이른 봄, 잎 사이에서 나온 긴 꽃줄기 끝에 보라색ㆍ자주색 꽃이 한 송이씩 달린다.
❖ 씨앗에 개미가 좋아하는 엘라이오솜이 있다.

조팝나무

❖ 꽃 핀 모양이 튀긴 좁쌀 같아서 붙은 이름이다.
❖ 전국의 산과 들에서 자라는 떨기나무다.
❖ 줄기는 모여나고, 가는 줄기가 늘어진다.
❖ 4~5월에 흰 꽃이 줄기를 따라 다닥다닥 붙어서 핀다.
❖ 울타리나 화단 가장자리에 많이 심는다.

박태기나무

수선화

죽단화

할미꽃

팬지

수수꽃다리

박태기나무

❖ 추위를 잘 견디고 햇빛을 좋아한다.
❖ 꽃이 화려하고 오래 피어 공원에 많이 심는다.
❖ 4월 초 잎이 나기 전에 진홍빛 작은 꽃이 다닥다닥 붙어 핀다.
❖ 꽃이 지면 콩꼬투리 모양 열매가 열린다.
❖ 밥알 모양과 비슷한 꽃이 피어 '밥티기나무'로 불렀다고 한다.

수선화

❖ 여러해살이풀로 이른 봄에 흰색·주황색·노란색 꽃이 핀다.
❖ 6월쯤 알뿌리를 캐서 말린 다음 가을에 심는다.
❖ 암술은 열매를 맺지 못하고 비늘줄기로 번식한다.
❖ 알뿌리 겉은 양파처럼 얇은 비늘 조각(인편)이 둘러싸고 있다.
❖ 꽃자루 끝에 꽃봉오리를 받친 5~6개 꽃잎이 옆으로 핀다.

죽단화

❖ 황매화의 변종이다.
❖ 가는 녹색 줄기가 늘어지는 떨기나무다.
❖ 잎맥이 뚜렷하고, 잎 가장자리가 톱니 모양이다.
❖ 5월에 황금색 작은 꽃이 공처럼 겹으로 핀다.
❖ 꽃은 화려하지만, 뿌리와 가지로 번식한다.

할미꽃

❖ 건조한 양지에서 자라는 여러해살이풀로, 전체에 흰 털이 있다.
❖ 모든 잎은 뿌리에서 나오며, 원줄기는 없다.
❖ 이른 봄 뿌리에서 나온 꽃줄기 끝에 꽃이 한 개씩 달린다.
❖ 꽃봉오리는 수정 후 점차 아래로 향한다.
❖ 흰 털로 덮인 열매가 할머니의 흰머리 같다고 붙은 이름이다.

팬지

❖ 제비꽃과의 한두해살이풀이다.
❖ 추위에 강해 봄철 화단에 많이 심는다.
❖ 더위에 약해 한여름에는 생장이 멎고 꽃도 피지 못한다.
❖ 키가 15~30cm로 작은 편이며, 꽃대 끝에 꽃 한 송이가 핀다.
❖ 삼색제비꽃이라고도 한다.

수수꽃다리

❖ 넓은 달걀모양이나 달걀모양 잎이 마주난다.
❖ 4~5월 연자줏빛 꽃이 핀다.
❖ 향기가 진하다.
❖ 라일락은 잎이 폭에 비해 길고, 수수꽃다리는 잎 길이와 폭이 비슷하다.
❖ 꽃이 수수 이삭을 닮았다고 해서 붙은 이름이다.

애벌레(맵시곱추밤나방 애벌레)

달팽이

무당벌레

개미

벌

나비(남방씨알붐나비)

애벌레
(맵시곱추밤나방
애벌레)

- ❖ 어른벌레로 탈바꿈하기 위해 체내에 양분을 많이 축적한다.
- ❖ 흙 속에서 고치를 만들고 번데기가 된다.
- ❖ 주로 잎사귀에서 볼 수 있다.
- ❖ 알에서 깨어나자마자 자기가 나온 알 껍질을 먹고 자란다.
- ❖ 꼬물꼬물 기어 다닌다.

달팽이

- ❖ 주로 밤이나 비 오는 날 활동한다.
- ❖ 풀이나 나뭇잎을 먹는다.
- ❖ 머리에 더듬이 두 쌍이 있고, 큰 더듬이 끝에 눈이 있다.
- ❖ 껍데기가 얇고, 표면에 나사 모양 줄무늬가 있다.
- ❖ 껍데기를 등에 지고 기어 다닌다.

무당벌레

- ❖ 오렌지색 알은 럭비공 모양이다.
- ❖ 알에서 깨어난 애벌레는 자기가 나온 알 껍질을 먹는다.
- ❖ 가을이 되면 빛이 없는 곳으로 들어가 겨울을 난다.
- ❖ 하루에 진딧물을 20~30마리 이상 잡아먹는다.
- ❖ 둥글고 알록달록하다.

개미

- ❖ 우리나라에 60여 종이 있는 곤충이다.
- ❖ 무리 지어 생활한다.
- ❖ 자기 몸의 몇 배나 되는 먹이를 끌고 간다.
- ❖ 이 곤충은 세 계급으로 구분되며 허리가 날씬하다.
- ❖ ○○와 베짱이

벌

- ❖ 곤충 가운데 가장 큰 무리로, 전 세계에 10만 종이 있다.
- ❖ 입틀은 물고 핥고 빨기에 적합하다.
- ❖ 주로 식물의 꽃가루와 꿀을 먹는다.
- ❖ 꽃등에가 이것과 비슷하다.
- ❖ 알−애벌레−번데기−○○○○의 과정을 거친다.

나비
(남방씨알붐나비)

- ❖ 낮에 활동하는 곤충이다.
- ❖ 머리에 더듬이 한 쌍, 겹눈 두 개, 가슴에 잎 모양 날개 두 쌍이 있다.
- ❖ 날개 비늘 때문에 거미줄에 붙어도 달아날 수 있다.
- ❖ 날개 무늬가 아름다워 사람들에게 인기다.
- ❖ 꽃가루를 옮겨 꽃의 번식을 돕는다.

나방(가지나방)

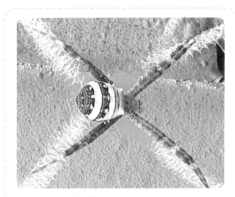

거미(애호랑거미)

진딧물(버들왕진딧물)

공벌레

개구리

까치

나방 (가지나방)	❖ 시력이 좋은 새들을 피해 주로 밤에 활동한다. ❖ 빛을 이용해 먹이를 찾기 때문에 불빛에 모여든다. ❖ 박쥐의 초음파 흉내를 내기도 한다. ❖ 나비와 달리 주로 나뭇진을 먹는다. ❖ 생김새가 나비와 헷갈리지만, 날개를 수평으로 펼치는 점이 다르다.
거미 (애호랑거미)	❖ 홑눈이 여덟 개고, 시력이 나쁜 편이다. ❖ 몸과 다리에 있는 털로 주변 환경을 알아차린다. ❖ 징그러운 생김새와 달리 해충의 개체 수를 조절한다. ❖ 머리가슴과 배로 나뉘어 곤충이 아니다. ❖ 그물을 쳐서 이동하거나 사냥한다.
진딧물 (버들왕진딧물)	❖ 작물에 해를 끼치는 대표적인 해충이다. ❖ 식물의 진액을 빨아 먹어 말라 죽게 만든다. ❖ 한 마리가 수천 마리로 불어난다. ❖ 대부분 기어 다니지만, 날개가 있는 개체도 있다. ❖ 개미와 공생 관계에 있고, 무당벌레가 천적이다.
공벌레	❖ 낮에는 어둡고 습한 곳에 숨었다가 밤이 되면 나와서 돌아다닌다. ❖ 머리, 일곱 개 마디로 된 가슴, 다섯 개로 된 배 ❖ 몸빛은 어두운 갈색이나 회색이다. ❖ 적이 나타나면 몸을 둥글게 마는 습성이 있다. ❖ 쥐며느리와 비슷하게 생겼다.
개구리	❖ 물가에서 많이 보인다. ❖ 겨울잠을 잔다. ❖ 앞다리보다 뒷다리가 길고, 근육이 발달해 멀리 뛴다. ❖ 식욕이 왕성하고 움직이는 물체를 잘 잡아먹는다. ❖ 알-올챙이-○○○, 큰 눈과 큰 울음소리.
까치	❖ 적응력이 강해 어디에서나 잘 산다. ❖ 여름에는 단독생활을 하지만, 겨울에는 몰려다닌다. ❖ 부리가 크고 단단하며, 가리지 않고 먹는 잡식성이다. ❖ 울음소리는 깍깍거린다. ❖ 빠르게 콩콩 뛰어다닌다.

참새

비둘기

사슴벌레

고양이

다람쥐

닭

참새
- ❖ 흔히 보이는 텃새로, 환경오염에 민감하다.
- ❖ 짧고 단단한 부리는 곡식을 쪼아 먹기에 알맞다.
- ❖ 추위를 견디기 위해 털을 부풀려서 겨울과 여름의 생김새가 다르다.
- ❖ 곡식을 무지막지하게 먹어, 농민에게는 반갑지 않은 새다.
- ❖ 몰려다니며 '짹짹' 울음소리가 시끄럽다.

비둘기
- ❖ 전 세계 대도시에서 흔히 보인다.
- ❖ 수명이 10~20년으로 조류치고 길다.
- ❖ 머리가 작아서 멍청하다고 하는데, 길들이면 10까지 세고 기억력이 좋다.
- ❖ 유엔이 심벌로 사용하면서 평화의 상징이 됐다.
- ❖ 머리를 까딱거리며 걷고, '구구' 하고 운다.

사슴벌레
- ❖ 알-애벌레-번데기-어른벌레로 완전탈바꿈을 한다.
- ❖ 숲 근처 나무, 가로등 아래 나무에 바나나를 발라놓으면 관찰하기 쉽다.
- ❖ 딱지날개가 검은색이고 광택이 있다.
- ❖ 날개가 있지만, 주로 기어 다닌다.
- ❖ 튼튼하고 예리한 턱이 특징이고, 반려 곤충으로 인기가 좋다.

고양이
- ❖ 포유류이며 유연성이 뛰어나다.
- ❖ 물을 싫어한다.
- ❖ 고대 이집트인이 길들여 세계 각지에 퍼졌다고 한다.
- ❖ 이빨이 날카롭고, 발톱은 넣었다 뺐다 할 수 있다.
- ❖ 쥐, 다람쥐, 새 등을 사냥하는 육식동물이다.

다람쥐
- ❖ 나무를 잘 타지만, 땅에서 더 많이 활동한다.
- ❖ 나무 구멍이나 땅굴에서 겨울잠을 잔다.
- ❖ 겨울잠 자기 전에 먹이를 저장하는 습성이 있다.
- ❖ 봄에 짝짓기 하고, 여름에 새끼 3~7마리를 낳는다.
- ❖ 이름은 '재빠르게 잘 달리는 쥐'라는 뜻이다.

닭
- ❖ 조류지만 날개가 퇴화해 잘 날지 못한다.
- ❖ 암컷과 수컷, 새끼의 울음소리가 다르고, 잡식성으로 아무거나 잘 먹는다.
- ❖ 수컷은 암컷보다 몸집이 크고, 볏이 붉고 크며, 꽁지깃도 길다.
- ❖ 알에서 깨어 170~200일이 지나면 번식 능력이 생긴다.
- ❖ 달걀과 고기를 얻기 위해 기르는 가축이다.

잣나무

느티나무

단풍나무

목련

박태기나무

무궁화

사철나무

산딸나무

산수유나무

장미

주목

진달래

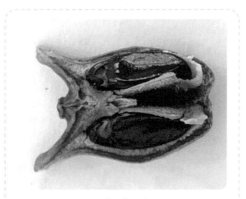

회양목

소나무

은행나무

강아지풀

철쭉

코스모스

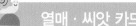

쥐똥나무

향나무

대왕참나무

도깨비바늘

신나무

산사나무

마주나기 잎	잎몸이 길쭉한 잎
손바닥처럼 갈라진 잎	두 개로 묶인 바늘잎
어긋나기 잎	우리 학교 꽃의 잎
가장자리가 톱니 모양 잎	다섯 개로 묶인 비늘잎
뾰족한 잎	우리 학교 나무의 잎
가장자리가 밋밋한 잎	잎자루 하나에 세 개 달린 잎
넓은잎	벌레 먹은 나뭇잎
잎몸이 길쭉한 잎	하트 모양 잎
뭉쳐나기 잎	손톱만 한 잎
커다란 잎	두꺼운 잎

토끼풀

강아지풀

개망초

민들레

봉숭아

애기똥풀

제비꽃

나팔꽃

계수나무

개나리

느티나무

단풍나무

모과나무

목련

무궁화

담쟁이덩굴

박태기나무

주목

사철나무

소나무

앵두나무

은행나무

장미

쥐똥나무

철쭉

회양목

잣나무

향나무

감나무

강아지풀

개나리

꽃댕강나무

느티나무

단풍나무

담쟁이덩굴

국화

무궁화

더덕

벚나무

산수유나무

회양목

쇠뜨기

화살나무

보리수

나팔꽃

대추나무

대왕참나무

능소화

하늘
새

나무 맨 위쪽
다람쥐,
청설모

나무 중간
원숭이

나무 아래쪽
고라니,
너구리,
토끼

나무뿌리
지렁이, 지네

땅속
두더지